普通高校本科计算机专业特色教材精选·算法与程序设计

C语言程序设计（第4版）学习与实验指导

秦玉平　马靖善　王丽君　主编

清华大学出版社

北京

内 容 简 介

本书是与《C语言程序设计(第4版)》(ISBN：978-7-302-55674-9)配套的学习与实验指导书。全书共7章，涵盖"C语言程序设计"课程的主要内容，同时兼顾题目的广度和深度，每章包括内容概述、典型题解析、习题解答、自测试题及参考答案、思考题及参考答案、实验题目及参考答案。本书的大部分题目精选自各高校历年考研试题、全国计算机等级考试试题和具有丰富教学经验的教师在教学实践过程中设计、整理的题目。书中涉及的程序都已在 Visual C++ 6.0 和 Visual C++ 2010 环境下调试运行通过。

本书可作为理工类专业学生学习"C语言程序设计"课程的实验教材，也适合参加全国计算机等级考试和考研的考生使用，还可作为自学者学习C语言程序设计的辅导书。

图书在版编目(CIP)数据

C语言程序设计(第4版)学习与实验指导/秦玉平，马靖善，王丽君主编. —北京：清华大学出版社，2020.10 (2022.2 重印)

普通高校本科计算机专业特色教材精选·算法与程序设计

ISBN 978-7-302-56334-1

Ⅰ.①C… Ⅱ.①秦… ②马… ③王… Ⅲ.①C语言－程序设计－高等学校－教学参考资料 Ⅳ.①TP312.8

中国版本图书馆 CIP 数据核字(2020)第 156529 号

责任编辑：郭　赛
封面设计：常雪影
责任校对：李建庄
责任印制：刘海龙

出版发行：清华大学出版社
　　　　　网　　　址：http://www.tup.com.cn，http://www.wqbook.com
　　　　　地　　　址：北京清华大学学研大厦 A 座　　　　邮　　编：100084
　　　　　社 总 机：010-83470000　　　　　　　　　　　邮　　购：010-83470235
　　　　　投稿与读者服务：010-62776969，c-service@tup.tsinghua.edu.cn
　　　　　质量反馈：010-62772015，zhiliang@tup.tsinghua.edu.cn
　　　　　课件下载：http://www.tup.com.cn，010-83470236
印 装 者：三河市龙大印装有限公司
经　　销：全国新华书店
开　　本：185mm×260mm　　　印　　张：17.5　　　字　　数：401 千字
版　　次：2020 年 12 月第 1 版　　　　　　　　印　　次：2022 年 2 月第 2 次印刷
定　　价：49.50 元

产品编号：088629-01

前 言

PREFACE

　　C 语言是国内外广泛使用的计算机程序设计语言，大部分高校理工类专业都开设了 "C 语言程序设计" 课程。 从学习的角度看，C 语言较其他计算机语言复杂，语言中的特殊语法现象和难点也较其他计算机语言多。 为使学习者尽快掌握 "C 语言程序设计" 课程的整体内容，我们编写了本书。

　　本书是《C 语言程序设计（第 4 版）》（ISBN 978-7-302-55674-9）的配套教材。 全书共 7 章，涵盖 "C 语言程序设计" 课程的主要内容，同时兼顾题目的广度和深度，每章包括内容概述、典型题解析、习题解答、自测试题及参考答案、思考题及参考答案、实验题目及参考答案。 其中，内容概述给出知识结构图、考核要点、重点难点和核心考点；典型题解析的题目精选自各大高校历年考研试题、全国计算机等级考试试题和具有丰富教学经验的教师在教学实践过程中设计、整理的题目，并给出较详细的解析；自测试题包括单项选择题、程序填空题、程序分析题和程序设计题，并给出参考答案；实验题目依据考核要点和实际应用而设计，具有代表性、综合性和实用性，并给出参考答案；思考题根据常见问题而设计，具有一定的针对性和扩展性，并给出参考答案；习题解答给出主教材中习题的详细解答。 附录中给出 3 套模拟题及参考答案和 10 个课程设计题目。 书中涉及的程序都已在 Visual C++ 6.0 和 Visual C++ 2010 环境下调试运行通过。

　　本书第 1～3 章和第 6 章由秦玉平编写，第 4 章和第 7 章由王丽君编写，第 5 章和附录由马靖善编写，全书由秦玉平和马靖善审校。

　　尽管本书是针对《C 语言程序设计（第 4 版）》的配套教材，但本书也适合于其他 C 语言程序设计教材。 本书可作为全国计算机等级考试和考研的复习指导书，也可作为自学者学习 C 语言程序设计的辅导书。

　　在本书的编写过程中，编者参考了大量有关 C 语言程序设计和 C++程序设计的书籍和资料，在此对这些参考文献的作者一并表示感谢。

　　由于书中题目较多，加之编者水平有限，书中难免存在不妥之处，恳请广大读者批评指正，以便再版时改进。

　　本书受辽宁省"兴辽英才计划"教学名师项目(XLYC1906015)资助。

　　本书的源代码可在清华大学出版社官方网站下载。

作　者

2020 年 10 月

普通高校本科计算机专业 特 色 教 材 精 选

目 录

CONTENTS

第 **1** 章

CHAPTER

C 语言概述

1.1 内容概述

本章首先介绍 C 语言的特点、C 语言中的关键字和语句形式、结构化程序设计的三种基本结构,然后介绍 Visual C++ 6.0(简称 VC++ 6.0)和 Visual C++ 2010(简称 VC++ 2010)的上机操作步骤,最后通过实例介绍 C 程序的构成和上机操作的过程。本章的知识结构如图 1.1 所示。

图 1.1 第 1 章知识结构

考核要求:了解 C 语言的历史背景;了解 C 语言的特点;了解 C 语言的关键字和语句形式;掌握结构化程序设计的三种基本结构;熟练掌握 VC++ 6.0/2010 环境下 C 程序的上机步骤;掌握 C 程序的结构。

重点难点:本章的重点是 C 程序的基本结构、C 语言语句形式和 VC++ 6.0/2010 环境下 C 程序的上机步骤。本章的难点是 C 程序调试。

核心考点:C 语言特点、C 程序的基本结构和 C 语言语句形式。

1.2　典型题解析

【例1.1】 下列说法中不正确的是(　　)。

A. C 语言能编写操作系统

B. C 语言是函数式的语言

C. C 语言的数据类型多样化

D. C 语言的书写格式自由,不区分英文字母的大小写

解析：C 语言既可用来编写系统软件,也可用来编写应用软件,选项 A 正确。一个 C 程序由一个或多个文件构成,每个文件由一个或多个函数构成,选项 B 正确。C 语言的特点之一是数据类型丰富,选项 C 正确。C 语言程序的书写形式自由,但区分英文字母的大小写,选项 D 错误。

答案：D

【例1.2】 以下叙述中错误的是(　　)。

A. C 语句必须以分号结束

B. 复合语句在语法上被看作一条语句

C. C 语言的输入和输出操作是由语句完成的

D. 在赋值表达式的末尾加分号就构成了赋值语句

解析：C 语言每个语句和数据定义的最后必须有一个分号,即分号是 C 语句的必要组成部分,选项 A 正确。复合语句是 C 语言的语句形式之一,选项 B 正确。在表达式末尾加分号就构成表达式语句,选项 D 正确。C 语言本身没有输入/输出语句,输入和输出操作是由库函数完成的,选项 C 错误。

答案：C

【例1.3】 结构化程序设计所规定的 3 种基本控制结构是(　　)。

A. 输入、处理、输出　　　　　　B. 树形、网形、环形

C. 顺序、选择、循环　　　　　　D. 主程序、子程序、函数

解析：结构化程序设计所规定的 3 种基本结构是顺序结构、选择结构和循环结构。

答案：C

【例1.4】 计算机高级语言程序的运行方法有编译执行和解释执行两种,以下叙述中正确的是(　　)。

A. C 语言程序仅可以编译执行

B. C 语言程序仅可以解释执行

C. C 语言程序既可以编译执行,也可以解释执行

D. 以上说法都不对

解析：C 语言程序的运行方法有两种：一种是先编译生成扩展名为 obj 的目标文件,然后进行连接操作,得到一个扩展名为 exe 的可执行文件;另一种是将编译和连接合为一个步骤进行。

答案：A

【例 1.5】　构成 C 程序的基本单位是(　　)。

  A. 过程   B. 函数   C. 子程序   D. 子例程

解析：构成 C 程序的基本单位是函数。过程、子程序和子例程是与函数接近的概念，在其他语言中使用，不是 C 语言中的概念。

答案：B

【例 1.6】　用来描述 C 程序中注释的是(　　)。

  A. \\   B. /＊   C. /＊…＊/   D. ＊…＊

解析：在 C 语言中，有两种注释方式，一种是以"/＊"开始、以"＊/"结束的块注释，可以出现在任何插入空格符的地方，但不能嵌套，即在"/＊"和"＊/"之间不能包含"/＊"或"＊/"；另一种是以"//"开始、以换行符结束的行注释，只能用于行尾。

答案：C

【例 1.7】　一个 C 程序的执行是从(　　)。

  A. main 函数开始，到 main 函数结束

  B. 第一个函数开始，到最后一个函数结束

  C. 第一个语句开始，到最后一个语句结束

  D. main 函数开始，到最后一个函数结束

解析：一个 C 程序总是从 main 函数开始执行，无论 main 函数在整个程序中的位置如何。程序运行除了因中间异常(如遇函数 exit())退出外，都在 main 函数中结束。

答案：A

【例 1.8】　C 语言的主要特点是什么？

解析：C 语言之所以能存在且具有生命力，是因为它有优于其他语言的特点。C 语言的主要特点如下：

  ① 语言简洁、紧凑，使用方便、灵活；

  ② 数据类型丰富；

  ③ 运算符多样；

  ④ 函数是程序的主体；

  ⑤ 语法检查不太严格，程序书写自由度大；

  ⑥ C 语言允许直接访问物理地址；

  ⑦ 生成的目标代码质量高；

  ⑧ 可移植性好。

1.3　自测试题

1. 单项选择题

(1) 以下叙述中正确的是(　　)。

  A. C 语言比其他语言高级

  B. C 语言可以不用编译就能被计算机识别执行

  C. C 语言以接近英语国家的自然语言和数学语言作为语言的表达形式

D. C 语言出现得最晚,具有其他语言的一切优点

(2) 以下叙述中正确的是(　　)。

A. C 程序中的注释部分可以出现在程序中任意合适的地方

B. 花括号"{"和"}"只能作为函数体的定界符

C. 构成 C 程序的基本单位是函数,所有函数名都可以由用户命名

D. 分号是 C 语句之间的分隔符,不是语句的一部分

(3) 要把高级语言编写的源程序转换为目标程序,需要使用(　　)。

A. 编辑程序　　　　　B. 驱动程序　　　　　C. 诊断程序　　　　　D. 编译程序

(4) 以下叙述中不正确的是(　　)。

A. 一个 C 源程序可由一个或多个文件组成

B. 一个 C 源程序必须包含一个 main 函数

C. C 程序中,注释说明只能位于语句的后面

D. 在对一个 C 程序进行编译时,编译系统不能发现注释中的拼写错误

(5) 在一个 C 程序中,(　　)。

A. main 函数必须出现在所有函数之前

B. main 函数可以在任何地方出现

C. main 函数必须出现在所有函数之后

D. main 函数必须出现在固定位置

(6) 以下叙述中错误的是(　　)。

A. C 语言的可执行程序是由一系列机器指令构成的

B. 用 C 语言编写的源程序不能直接在计算机上运行

C. 通过编译得到的二进制目标程序需要连接才可以运行

D. 在没有安装 C 语言集成开发环境的机器上不能运行由 C 源程序生成的 exe 文件

2. 简答题

(1) C 语言的语句形式有哪几种?

(2) 为什么 C 语言程序的执行效率高?

1.4　思考题

(1) C 语言的主要用途是什么?

(2) 用 Windows 操作系统的记事本可以编辑 C 源程序吗? 请说明原因。

1.5　习题解答

1. 为什么说 C 语言是中级语言?

解答：C 语言之所以被称为"中级语言",一方面是因为它继承了低级语言的大部分功能,如可以直接访问地址、进行位操作等,另一方面是因为它又具有高级语言简单、易学

的特点。

2. C 程序、C 文件和函数的关系如何？

解答：C 程序由 C 文件组成，C 文件由函数组成。

3. 写出最小 C 程序和含有语句的最小 C 程序。

解答：最小 C 程序：

```
void main() {  }
```

含有语句的最小 C 程序：

```
void main() {; }
```

4. 如何给 C 源程序加注释？

解答：注释以"/ *"开头，以" * /"结束。也可以用"//"，但只能用于行尾。

5. C 语言中，表达式和表达式语句的关系如何？

解答：C 语言中，在表达式的末尾加上分号（;）就构成表达式语句。

6. 在 Visual C++ 编程环境下，为什么 C 语言源程序文件的扩展名一定为"c"？

解答：扩展名为"c"的文件是 C 语言的源文件，扩展名为"cpp"的文件是 C++ 语言的源文件，C 语言和 C++ 语言是两种不同的语言，它们的语法不同，Visual C++ 会根据源文件扩展名确定编译方式。对于扩展名为"c"的文件使用 C 语言的编译器进行编译，遵循 C 语言的语法；对于扩展名为"cpp"的文件使用 C++ 的编译器进行编译，遵循 C++ 的语法。

7. 在 Visual C++ 6.0 环境下编写 C 语言程序时，是否必须创建工程？

解答：在 Visual C++ 6.0 环境下，若 C 语言程序只有一个源文件，可以不创建工程；若 C 语言程序由两个或两个以上的源文件组成，必须创建工程。

8. 在 Visual C++ 2010 环境下编写 C 语言程序时，是否必须创建项目？

解答：在 Visual C++ 2010 环境下编写 C 语言程序时必须创建项目，即使只有一个源文件也是如此。因为 VC++ 2010 不能单独编译一个 c 文件，这些文件必须依赖于某一个项目。

9. 在 Visual C++ 6.0/2010 环境下编辑调试教材中的例 1.5。

解答：略。

10. 在 Visual C++ 6.0/2010 环境下编辑调试教材中的例 1.7。

解答：略。

1.6　自测试题参考答案

1. 单项选择题

(1) C　　(2) A　　(3) D　　(4) C　　(5) B　　　(6) D

2. 简答题

(1) ① 控制语句　　　　② 函数调用语句　　　　③ 表达式语句
　　　④ 空语句　　　　　⑤ 复合语句　　　　　　⑥ 注释语句

（2）C 语言中含有位运算和指针运算，能够直接对内存地址进行访问操作，可以实现汇编语言的大部分功能，即直接对硬件进行操作。

1.7 思考题参考答案

（1）**答**：C 语言本来主要用于编写系统软件，但它对编写程序的限制少，灵活性大，功能强，可以编写出任何类型的程序。C 语言不仅可以用来编写系统软件，还可以用来编写应用软件。

（2）**答**：可以。用任何纯文本编辑器都可以编辑 C 源程序，因为 C 源程序本身就是纯文本。用记事本编辑 C 源程序更方便。

第 2 章 **基本语法规则**

CHAPTER

2.1　内容概述

　　本章主要介绍整型、实型、字符型三种基本类型常量的表示形式及其变量的定义与使用,变量的指针和指针变量的定义与使用,运算符和表达式,字符输入/输出函数和格式输入/输出函数。本章的知识结构如图 2.1 所示。

图 2.1　第 2 章知识结构

　　考核要求：掌握标识符的命名规则;熟练掌握整型、实型、字符型等基本类型常量的表示形式及其变量的定义和使用;熟练掌握指针的定义和使用;掌握不同类型数据之间的转换规则;熟练掌握有关运算符与表达式的规则和使用方法;熟练掌握字符数据输入/输出函数和格式输入/输出函数的调用方式和用法。

重点难点：本章的重点是运算符和表达式的运用；字符数据输入/输出函数和格式输入/输出函数的格式及用法。本章的难点是自加自减运算以及指针型数据的定义和使用。

核心考点：标识符的命名规则；基本型常量的表示形式；变量的定义及初始化；运算符优先级和表达式求值；字符数据输入/输出函数和格式输入/输出函数的格式及其用法。

2.2 典型题解析

【例 2.1】 下列选项中，合法的 C 语言用户标识符是(   )。

    A. _8_　　　　　　　B. int　　　　　　　C. A－B　　　　　　　D. 8_8

解析：C 语言中，用户标识符只能由大小写英文字母(A～Z,a～z)、数字(0～9)和下画线(_)组成，且第一个字符不能为数字。另外，不能使用 32 个关键字作为用户标识符。本题中，选项 B 为关键字，选项 C 中含有非法字符减号(－)，选项 D 中的第一个字符是数字字符，只有选项 A 符合规定。

答案：A

【例 2.2】 下列选项中，合法的 C 语言整型常量是(   )。

    A. 10110B　　　　　B. 0386　　　　　　C. x2a2　　　　　　D. 0xffa

解析：C 语言中，整型常量可以用十进制、八进制和十六进制 3 种形式表示。十进制形式的有效数码为 0～9，八进制形式的有效数码为 0～7 且以 0 开头，十六进制形式的有效数码为 0～9 和 a～f(或 A～F)且以 0x 开头。本题中，选项 A 的前面缺少"0x"，选项 B 中的"8"不合法，选项 C 的前面缺少"0"，选项 D 是用十六进制形式表示的整型常量。

答案：D

【例 2.3】 下列选项中，非法的 C 语言实型常量是(   )。

    A. 8.　　　　　　　B. .8　　　　　　　　C. 8e1.0　　　　　　D. 8.0E0

解析：C 语言中，实型常量有十进制小数和指数两种表示形式。十进制小数形式由正负号、数字 0～9 和小数点组成，正号"＋"可以省略。若整数部分为 0，则整数部分可以省略，但小数点不能省略；若小数部分为 0，则小数部分可以省略，但小数点不能省略。指数形式(或称科学计数法)由正负号、数字 0～9、小数点和字母 e(或 E)组成，组织形式为 ±me±n 或 ±mE±n，其中，m 为整型数或实型数，n 为整型数，m 和 n 缺一不可，即使 m 是 1、n 是 0 也不能省略，其中的"＋"可以省略。本题中，选项 C 是非法的，因为实型常量指数形式中的 n 必须为整型数。

答案：C

【例 2.4】 下列选项中，非法的 C 语言字符常量是(   )。

    A. 'a'　　　　　　　B. '\a'　　　　　　　C. '\395'　　　　　　D. '\x78'

解析：C 语言中，用一对单引号括起来的字符称为字符常量。另外，C 语言中还允许使用一种特殊形式的字符常量，即以"\"开头的字符或数字，称为转义字符，其含义是将"\"后面的字符或数字转换成其他意义。若为数字，则数字形式为 1～3 位的八进制数或以 x 开头的 1～2 位十六进制数。本题中，选项 C 是非法的，因为八进制形式的有效数码为 0～7。

答案：C

【例 2.5】　C 语言中,字符串常量"abc"在内存中占用的字节数是(　　　)。

A. 3　　　　　　　B. 4　　　　　　　C. 5　　　　　　　D. 6

解析：C 语言中,用一对双引号括起来的字符序列称为字符串常量,字符序列可以是零个、一个或多个字符。字符序列中含有字符的个数称为字符串的长度。字符串常量在存储时除了存储双引号中的字符序列外,系统还会自动在最后一个字符的后面加上一个转义字符'\0',所以一个字符串常量在内存中所占的字节数是字符串中的字符个数加 1。

答案：B

【例 2.6】　在下列定义中,变量 a 占用字节数最多的是(　　　)。

A. char a;　　　　B. long a;　　　　C. float a;　　　　D. double a;

解析：C 语言中,一个字符型数据在内存中占用 1 字节,一个长整型数据在内存中占用 4 字节,一个单精度实型数据在内存中占用 4 字节,一个双精度实型数据在内存中占用 8 字节。

答案：D

【例 2.7】　以下选项中能正确定义且赋初值的语句是(　　　)。

A. char n1＝n2＝'a';　　　　　　　B. char c＝32;

C. char a,b＝a;　　　　　　　　　　D. char x＝"A";

解析：在定义变量的同时为变量赋初值称为变量的初始化。在初始化时,即使两个或两个以上的变量值相同,也必须分别给每个变量赋值,由此可知,选项 A 错误。若静态型变量和外部型变量没有初始化,则其初始值是确定的,数值型为 0,字符型为空('\0'),否则其值是不确定的,由此可知,选项 C 错误。由于不能将字符串常量赋给字符变量,所以选项 D 错误。由于字符数据在内存中以 ASCII 码值的形式存储,因此 C 语言中的字符型数据与其对应的 ASCII 码值可以通用,故选项 B 正确。

答案：B

【例 2.8】　以下定义语句中正确的是(　　　)。

A. int ＊p＝10;　　　　　　　　　　B. int a,＊p＝a;

C. int a,＊p＝&a;　　　　　　　　　D. int ＊p＝&a,a;

解析：选项 A 和选项 B 错误,因为不能将除 0 以外的基本类型数据直接赋给指针变量。选项 D 错误,因为变量必须先定义、后使用。选项 C 正确,其功能是先定义变量 a,然后定义指针变量 p,并用变量 a 的地址对其进行初始化。

答案：C

【例 2.9】　以下程序的功能是计算半径为 r 的圆的面积 s,下列程序在编译时出错的原因是(　　　)。

```
#include "stdio.h"
#define pi 3.14
void main()
/* compute area */
{ int r;
```

```
scanf("%d",&r);
s=pi * r * r;
printf("s=%f\n",s);
}
```

    A. 注释语句的书写位置错误
    B. 存放圆半径的变量 r 不应该被定义为整型
    C. 符号常量应该用大写字母
    D. 计算圆的面积的赋值语句中使用了非法变量

解析：C 程序中,可以在插入空格的地方用"/ * "和" * /"加注释,因此选项 A 不是编译出错的原因。若求半径为整数的圆的面积,则可以将存放半径的变量 r 定义为整型,选项 B 不是编译出错的原因。习惯上,符号常量用大写字母表示,但这并非规定,选项 C 也不是编译出错的原因。选项 D 是编译时出错的原因,因为 C 语言规定变量必须先定义后使用,在程序中使用了未定义的变量 s,应补充定义：float s;。

答案：D

【例 2.10】 下列关于单目运算符＋＋、－－的叙述中正确的是(   )。
    A. 它们的运算对象可以是任何变量和常量
    B. 它们的运算对象可以是 char 型变量和 int 型变量,但不能是 float 型变量
    C. 它们的运算对象可以是 int 型变量,但不能是 double 型变量和 float 型变量
    D. 它们的运算对象可以是 char 型变量、int 型变量和 float 型变量

解析：＋＋和－－运算具有赋值功能,因此运算对象必须是变量或者可寻址的表达式。若操作数是变量,则变量的类型可以是基本类型和指针类型。

答案：D

【例 2.11】 若以下选项中的变量已正确定义,则正确的赋值语句是(   )。
    A. x1=26.8%3;   B. 1+2=x2;   C. x3=0x12;   D. x4=1+2=3;

解析：由于取余运算符"%"要求操作数都为整型,而 26.8 是实型,因此选项 A 错误。赋值运算符"="的使用形式有两种,一种是"变量名=表达式",另一种是" * (地址表达式)=表达式",否则不可寻址。由于 1+2 是常量表达式,因此选项 B 和选项 D 错误。选项 C 是将十六进制数 12 赋给变量 x3,赋值语句正确。

答案：C

【例 2.12】 设有定义：int k＝1,m＝2;float f＝7;,则以下选项中错误的表达式是(   )。
    A. k=k>=k   B. -k++   C. k%int(f)   D. k>=f>=m

解析：选项 C 是错误的。因为强制类型转换的一般形式为：(类型标识符)(表达式),选项 C 中的类型标识符"int"没有用圆括号括起来。选项 A 等价于 k=(k>=k),是合法的表达式。选项 B 等价于-(k++),是合法的表达式。选项 D 等价于(k>=f)>=m,是合法的表达式。

答案：C

【例 2.13】 设有定义：int a＝2,b＝3,c＝4;,则以下选项中值为 0 的表达式是(   )。

　　A. (!a==1)&&(!b==0)　　　　　　　　B. (a<b)&&!c||1

　　C. a && b　　　　　　　　　　　　　D. a||(b+b)&&(c−a)

　　解析：对于选项 A，由 a 的值不为 0 可得表达式!a 的值为 0，由表达式!a 的值为 0 可得表达式(!a==1)的值为 0，根据逻辑与运算符"&&"的运算规则，无须再计算表达式(!b==0)的值，整个表达式的值为 0。对于选项 B，逻辑或运算符"||"的优先级最低，且其右边的操作数为 1，因此，无论表达式(a<b)&&!c 的值如何，整个表达式的值一定为 1。对于选项 C，a 和 b 都不为 0，根据逻辑与运算符"&&"的运算规则，表达式 a && b 的值为 1。对于选项 D，逻辑或运算符"||"的优先级最低，且其左边的操作数 a 的值为 2，无论表达式(b+b)&&(c−a)的值如何，整个表达式的值都是 1。

　　答案：A

　　【例 2.14】　设有定义：int a=1,b=4,c=3,d=2；，则条件表达式 a<b? a:c<d? c:d 的值是(　　)。

　　A. 1　　　　　　　B. 2　　　　　　　C. 3　　　　　　　D. 4

　　解析：条件运算符的结合方向为右结合。因此，表达式 a<b?a:c<d?c:d 等价于 a<b?a:(c<d?c:d)。因为 a<b 的结果为真，所以整个表达式的值就是 a 的值，表达式(c<d?c:d)未被执行。

　　答案：A

　　【例 2.15】　以下选项中，与 k=n++完全等价的表达式是(　　)。

　　A. k=n,n=n+1　　　B. n=n+1,k=n　　　C. k=++n　　　　D. k+=n+1

　　解析：表达式 k=n++的功能是先将 n 的值赋给变量 k，再将 n 的值加 1。由此可知，与选项 A 等价。选项 B 和选项 C 都是先将 n 的值加 1，再将 n 的值赋给变量 k。选项 D 等价于 k=k+(n+1)，即将 n+1 累加到 k 上。

　　答案：A

　　【例 2.16】　假设指针 p1 已指向某个整型变量，要想使指针 p2 也指向该整型变量，正确的语句是(　　)。

　　A. p2=&p1；　　　B. p2=**p1；　　　C. p2=&*p1；　　　D. p2=*p1；

　　解析：若使指针 p2 指向指针 p1 指向的整型变量，应使用赋值语句：p2=p1；。四个选项中只有选项 C 与该语句等价，因为"&"和"*"两个运算符互为逆运算。其他三个选项的类型都不匹配。

　　答案：C

　　【例 2.17】　设变量 a 为整型，f 是单精度实型，则表达式 a−'c'+3.14*f 值的数据类型为(　　)。

　　A. int　　　　　　B. float　　　　　　C. double　　　　　D. 不确定

　　解析：C 语言中，整型、实型和字符型数据可以同时出现在表达式中进行混合运算。在进行计算时，不同类型的数据先自动转换成同一类型，然后进行计算。转换的规则是：若为字符型，则必须先转换成整型，即其对应的 ASCII 码值；若为单精度实型，则必须先转换成双精度实型；若运算对象的类型不同，则将低精度类型转换成高精度类型，精度从高到低的顺序是 double→long→unsigned→int。根据转换规则，本题表达式值的类型为双精度实型。

答案：C

【例 2.18】 设 x 为整型变量,不能正确表达数学关系"4<x<9"的 C 语言表达式是( )。

A. 4<x<9

B. x>4&&x<9

C. x==5||x==6||x==7||x==8

D. !(x<=4)&&(x<9)

解析：根据逻辑运算符"&&"的运算规则,选项 B 正确。由于!(x<=4)与 x>4 等价,选项 D 正确。由于大于 4 且小于 9 的整型数只有 5、6、7 和 8,选项 C 正确。选项 A 是错误的,因为关系运算符的结合方向是左结合,所以 4<x<9 等价于(4<x)<9。无论整型变量 x 的值如何,4<x 的结果不是 0 就是 1,表达式 4<x<9 的值总为真。

答案：A

【例 2.19】 表达式(x=2,x+=8,x+12),x+x 的值是( )。

A. 2   B. 10   C. 20   D. 22

解析：本题的表达式是逗号表达式。逗号表达式的求解过程是：从左向右依次计算每个表达式的值,逗号表达式的值是最右边表达式的值。逗号表达式的值的类型是最右边表达式值的类型。依据逗号表达式的求解过程,先求解表达式(x=2,x+=8,x+12),其值为 22,同时得 x 的值为 10,然后求解表达式 x+x,其值为 20,该值即为所求。

答案：C

【例 2.20】 下列表达式中不等价的是( )。

A. a&=b 与 a=a&b   B. a|=b 与 a=a|b

C. a!=b 与 a=a!b   D. a<<=2 与 a=a<<2

解析：C 语言中,复合赋值表达式的一般形式为：变量 op=表达式,其中：op∈{+,-,*,/,%,&,|,^,<<,>>}。其含义为：变量=变量 op（表达式）。选项 C 中,a!b 是不合法的表达式。

答案：C

【例 2.21】 下列描述中错误的是( )。

A. 函数 printf()可以向终端输出多个类型相同或不同的数据

B. 函数 putchar()只能向终端输出字符,而且只能输出一个字符

C. 函数 scanf()可以用来输入多个数据

D. 函数 getchar()只能用来输入字符,但字符的个数不限

解析：函数 printf()可以向终端输出多个任意类型的数据,选项 A 正确。函数 putchar()是输出字符函数,且一次函数调用只能输出一个字符,选项 B 正确。函数 scanf()可以输入多个同类型或不同类型的数据,选项 C 正确。函数 getchar()只能用来输入字符,且一次函数调用只能输入一个字符,选项 D 错误。

答案：D

【例 2.22】　设有定义：int a，＊pa＝&a；，以下语句中能正确为变量 a 读入数据的是（　　）。

　　A. scanf("%d",pa)；　　　　　　　　　　B. scanf("%d",a)；

　　C. scanf("%d",&pa)；　　　　　　　　　D. scanf("%d",＊pa)；

　　解析：一般地，为整型变量 a 读入数据的语句为：scanf("%d",&a)；。由于 pa 与 &a 等价，因此选项 A 正确。由于选项 B 中使用的是变量名 a，而不是变量 a 的地址，因此选项 B 错误。由于 ＊pa 与 a 等价，因此选项 D 错误。由于选项 C 使用的是指针变量 pa 的地址，而不是 a 的地址，因此选项 C 错误。

　　答案：A

【例 2.23】　以下叙述中正确的是（　　）。

　　A. 调用函数 printf()时，必须要有输出项

　　B. 使用函数 putchar()时，必须在之前包含头文件 stdio.h

　　C. 在 C 语言中，整数可以以二进制、八进制或十六进制的形式输出

　　D. 调用函数 getchar()读入字符时，可以从键盘上输入字符所对应的 ASCII 码值

　　解析：函数 printf()的一般调用格式为：printf("格式控制字符串"[,输出表列])，输出表列是可选项。如输出换行的函数调用为 printf("\n")，因此选项 A 是错误的。由于函数 putchar()是在头文件 stdio.h 中定义的，因此在使用之前必须将该头文件包含进来，选项 B 是正确的。在 C 语言中，整数可以以十进制、八进制或十六进制的形式输出，不能以二进制的形式输出，选项 C 是错误的。调用函数 getchar()读入字符时，只能从键盘输入字符，不能输入其对应的 ASCII 码值，否则读入的是其 ASCII 值的第一个数字，因此选项 D 是错误的。

　　答案：B

【例 2.24】　有以下程序

```
#include<stdio.h>
void main()
{ int m,n,p;
  scanf("m=%dn=%dp=%d",&m, &n, &p);
  printf("%d%d%d\n",m,n,p);
}
```

　　若想从键盘上输入数据，使变量 m 的值为 123，n 的值为 456，p 的值为 789，则正确的输入是（　　）。(注：✓表示回车，□表示空格，下同)

　　A. m=123n=456p=789✓　　　　　　B. m=123□n=456□p=789✓

　　C. m=123,n=456,p=789✓　　　　　D. 123□456□789✓

　　解析：函数 scanf()中的格式控制字符串由普通字符和格式说明两部分组成。在输入数据时，普通字符、数据必须与格式控制字符串中的普通字符、格式说明项按次序对应，否则变量得不到输入的数据。本题中，只有选项 A 中的普通字符和数据是按次序对应输入的，选项 B 多输入了两个空格，选项 C 多输入了两个逗号，选项 D 没有输入普通字符 m=、n= 和 p=，且多输入了两个空格。

答案：A

【例 2.25】 设有定义：int x;char y;，若从键盘上输入数据，使变量 x 的值为 30，变量 y 的值为'A'，则正确的输入语句及相应的数据输入是(　　　)。

    A. scanf("%d%d%c",&x,&y);   B. scanf("%2c%2d",&y,&x);

    数据输入：10□30□A↙   数据输入：BA30↙

    C. scanf("%2c% * d%d",&y,&x); D. scanf("%2c;% * 2d%d",&y,&x);

    数据输入：AB□30□10↙   数据输入：AB;1030↙

解析：函数 scanf()的数据分隔主要有以下四种方法。

（1）指定宽度。例如：

```
scanf("%2d%3d%d", &m, &n, &p);
```

连续输入数据 12345678，此时，m＝12，n＝345，p＝678。

（2）缺省分隔符（用于整型和实型）。例如：

```
scanf("%d%d%d", &m, &n, &p);
```

输入的 3 个数据之间可以用空格、Tab 字符或回车符分割。

（3）遇无效输入结束。例如：

```
scanf("%d%c%f", &m, &n, &p);
```

连续输入数据 12A34.5，此时，m＝12，n＝'A'，p＝34.5。因为 A 为无效整数，所以将 12 赋值给 m。

（4）使用普通字符。函数 scanf()中的普通字符必须原样输入，可以理解成分隔符。例如：

```
scanf("%d,%d,%d", &m, &n, &p);
```

输入数据 12,345,678，此时，m＝12，n＝345，p＝678。

在函数 scanf()的输入格式中，允许使用一个特殊的字符"＊"，即输入抑制符，其作用是"跳过"一个对应的输入数据项。

在选项 A 中，格式说明项多于地址项，函数 scanf()将按由前到后的顺序把输入数据存储到各地址中，x 得到 10，y 得到 30，多余的数据将留在键盘缓冲区，故选项 A 错误。在选项 B 中，y 得到的是字符'B'，x 得到的是 30，故选项 B 错误。在选项 C 中，函数 scanf()的输入格式中使用了抑制符"＊"，y 得到的是字符'A'，30 被跳过，x 得到的是 10，故选项 C 错误。在选项 D 中，对于输入的数据 AB;1030，其中的 AB 对应格式说明%2c，使 y 得到字符'A'，";"对应格式控制中的";"，根据格式说明% * 2d，10 被跳过，最后的 30 被赋给变量 x，故选项 D 是正确的。

答案：D

【例 2.26】 下列程序的输出结果是(　　　)。

```
#include<stdio.h>
void main()
```

```
{ int m=12,n=34;
  printf("%d%d",m++,++n);
  printf("%d%d\n",n++,++m);
}
```

A. 12353514   B. 12353513   C. 12343514   D. 12343513

解析：函数调用语句"printf("%d%d",m++,++n);"与下列程序段等价

```
n=n+1;printf("%d%d",m,n);m=m+1;
```

输出结果是 1235。

函数调用语句"printf("%d%d",n++,++m);"与下列程序段等价

```
m=m+1;printf("%d%d",n,m);n=n+1;
```

输出结果是 3514。

整个程序的输出结果是 12353514。

答案：A

【例 2.27】 以下程序的输出结果是(   )。

```
#include<stdio.h>
void main()
{ printf("\n * s1=%15s * ","chinabeijing");
  printf("\n * s2=%-5s * ","chi");
}
```

A. * s1＝chinabeijing□□□ *   B. * s1＝chinabeijing□□□ *
   * s2＝**chi *   * s2＝chi□□□ *
C. * s1＝ * □□chinabeijing *   D. * s1＝□□□chinabeijing *
   * s2＝□□chi *   * s2＝chi□□ *

解析：对于正整数 m 和 n,函数 printf()中的格式说明"%ms"的含义是按宽度 m 输出,若 m＞数据长度,则左补空格,否则按实际位数输出;格式说明"%－ms"的含义是按宽度 m 输出,若 m＞数据长度,则右补空格,否则按实际位数输出;格式说明"%.ns"的含义是输出字符串的前 n 个字符。

答案：D

【例 2.28】 下列程序的输出结果是(   )。

```
#include<stdio.h>
void main()
{ short int a=-1;
  printf("%hd %hu %ho %hx",a,a,a,a);
}
```

A. －1 －1 －1 －1   B. －1 32767 －177777 －ffff
C. －1 32768 177777 ffff   D. －1 65535 177777 ffff

解析:C语言中的整型数可以以十进制、八进制或十六进制的形式输出。以十进制形式输出时又分为有符号和无符号两种形式,格式说明分别为%d和%u。以八进制和十六进制的形式输出时按无符号处理,格式说明分别为%o和%x,若显示前导0或0x,则使用附加格式说明符"#"。短整型变量在内存占2字节,且定点数在内存中以补码形式存储。因此,−1在内存中的存储为"1111111111111111"。若将其视为有符号数,即按%d的格式输出,则最高位为符号位,表示负数,计算出原码,值为−1;若将其视为无符号数,则最高位也被看作数据位进行直接计算,对应的十进制数为65535,八进制数为177777,十六进制数为ffff。

答案:D

【例2.29】 有以下程序

```
#include<stdio.h>
void main()
{ char a,b,c,d;
  scanf("%c%c", &a, &b);
  c=getchar();d=getchar();
  printf("%c%c%c%c\n",a,b,c,d);
}
```

当执行程序时,若数据输入为:12↙34↙,则输出结果是(   )。

    A. 1234   B. 12   C. 12   D. 2
                                    3   34

解析:通过函数scanf(),a的值是'1',b的值是'2'。由于函数getchar()将空格和转义字符也作为有效字符接收,因此c的值是回车,d的值是'3'。

答案:B

【例2.30】 下列程序的输出结果是(   )。

```
#include<stdio.h>
void main()
{ int * p, a=10, b=1;
  p=&a;
  a= * p+b;
  printf("%d,%d\n",a, * p);
}
```

    A. 10,10   B. 10,11   C. 11,11   D. 11,10

解析:由于p=&a,因此*p与a等价。由此可知,a= *p+b与a=a+b等价,a的值为11。

答案:C

2.3   自测试题

1. 单项选择题

(1) 下面4个选项中,均是不合法的用户标识符的是(   )。

A. A　　　　　　　 B. float　　　　　　 C. b－a　　　　　　 D. _123

　　 P_0　　　　　　　　 la0　　　　　　　　 goto　　　　　　　　 temp

　　 Do　　　　　　　　 _A　　　　　　　　 int　　　　　　　　 INT

（2）在 C 语言中,正确的 int 类型常量是(　　　)。

　　 A. －2U　　　　　 B. 059　　　　　　 C. 3a　　　　　　　 D. 0xAF

（3）若有定义:int x, * px＝&x;,则能得到变量 x 值的表达式是(　　　)。

　　 A.px　　　　　　 B. * px　　　　　　 C. * x　　　　　　　 D. &px

（4）若有定义:int a＝7,b＝12,c＝a&b;,则变量 c 的值是(　　　)。

　　 A. 19　　　　　　 B. 4　　　　　　　 C. 5　　　　　　　 D. 9

（5）若有定义:int a＝7,c＝a＞＞1;,则变量 c 的值是(　　　)。

　　 A. 6　　　　　　　 B. 3　　　　　　　 C. 15　　　　　　　 D. 22

（6）若有定义:char c＝'\63';,则变量 c 的值(　　　)。

　　 A. 包含 1 个字符　　　　　　　　　　 B. 包含 2 个字符

　　 C. 包含 3 个字符　　　　　　　　　　 D. 说明不合法,c 的值不确定

（7）在 C 语言中,char 型数据在内存中的存储形式是(　　　)。

　　 A. 补码　　　　　 B. 反码　　　　　　 C. 原码　　　　　　 D. ASCII 码

（8）若有定义:int x＝3,y＝4,z＝5;,则下列表达式中值为 0 的是(　　　)。

　　 A. 'x'&&'y'　　　　　　　　　　　　 B. x<＝y

　　 C. x||y＋z&&y－z　　　　　　　　 D. !((x<y)&&!z||1)

（9）已有如下定义和输入语句,若要求 a1、a2、c1、c2 的值分别为 10、20、A 和 B,当从第 1 列开始输入数据时,正确的数据输入方式是(　　　)。

```
int a1,a2; char c1,c2;
scanf("%d%d",&a1,&a2);
scanf("%c%c",&c1,&c2);
```

　　 A. 1020AB↙　　　　　　　　　　　 B. 10□20↙

　　　　　　　　　　　　　　　　　　　　　 AB↙

　　 C. 10□□20□□AB↙　　　　　　　 D. 10□20AB↙

（10）根据给出的数据输入形式和输出形式,下列程序中输入/输出语句的正确内容是(　　　)。

```
#include<stdio.h>
void main()
{ int x; float y;
  printf("input x,y:");
  输入语句
  输出语句
  }
```

　　　　 输入形式为:2□3.4↙

　　　　 输出形式为:x＋y＝5.40

A. scanf("%d,%f",&x,&y);printf("\nx+y=%4.2f",x+y);

B. scanf("%d%f",&x,&y);printf("\nx+y=%4.2f",x+y);

C. scanf("%d%f",&x,&y);printf("\nx+y=%6.1f",x+y);

D. scanf("%d%3.1f",&x,&y);printf("\nx+y=%4.2f",x+y);

2. 程序改错题(下列每段程序中各有一个错误,请找出并修改)

(1)

```
#include<stdio.h>
void main()
{ Int a='1',b='2';
  printf("%c,",b++);
  printf("%d\n",b-a);
}
```

(2)

```
#include<stdio.h>
void main()
{ int x=2,y=3;
  z=(x++,y++);
  printf("%d",z);
}
```

(3)

```
#include<stdio.h>
void main()
{ int i=010,j=10,a=0x10;
  printf('%d,%d,%d\n',i,j,a);
}
```

(4)

```
#include<stdio.h>
void main()
{ int a=5,b=c=6,d;
  printf("%d\n",d=a>b?(a>c? a:c):b);
}
```

(5)

```
#include<stdio.h>
void main()
{ int a, * p;
  a=100;
  * p=a;
```

```
    printf("a=%d", * p);
}
```

3. 程序分析题

（1）写出下列程序的运行结果。

```
#include<stdio.h>
void main()
{ int a,b,d=25;
  a=d/10%9;
  b=a&&(-1);
  printf("%d,%d\n",a,b);
}
```

（2）写出下列程序的运行结果。

```
#include<stdio.h>
void main()
{ int a;
  a=(int)((double)(3/2)+0.5+(int)1.99 * 2);
  printf("%d\n",a);
}
```

（3）写出下列程序的运行结果。

```
#include<stdio.h>
void main()
{ int a=4,b=5,c=0,d;
  d=!a&&!b||!c;
  printf("%d\n",d);
}
```

（4）写出下列程序的运行结果。

```
#include<stdio.h>
void main()
{ int x=5,y=6;
  printf("====%d", ((++x==y++)||(x=8))?--x:--y);
  printf("###%d,%d\n",x,y);
}
```

（5）写出下列程序的运行结果。

```
#include<stdio.h>
void main()
{ short int a=-1;
  a=a|0377;
  printf("%hd %ho %#hx\n",a,a,a );
}
```

4. 程序设计题

(1) 编写程序,计算表达式 $\dfrac{b^2-4ac}{2a}$($a\neq 0$)值。要求 a、b、c 的值从键盘输入。

(2) 编写程序,把从键盘输入的英文字母以大写形式输出。

2.4　实验题目

(1) 若有定义:int x,a,b,c,∗p=&x;,请写出顺序执行下列表达式后 x 的值,并通过程序验证。

要求:先写出运算结果,再利用程序验证。

① x=a=b=10

② x=25%(c=3)

③ ∗p+=2+3

④ x∗=x+=x-=x

⑤ x=((a=4%3,a!=1),++∗p>10)

验证程序:

```
#include<stdio.h>
void main()
{ int x,a,b,c,∗p=&x;
  x=a=b=10;
  printf("x=%d,",x);
  x=25%(c=3);
  printf("x=%d,",x);
  ∗p+=2+3;
  printf("x=%d,",x);
  x∗=x+=x-=x;
  printf("x=%d,",x);
  x=((a=4%3,a!=1),++∗p>10);
  printf("x=%d\n",x);
}
```

(2) 若有定义:int a=2,b=-3,c=4,∗p=&a,∗q=&b;,先计算下列各表达式的值,然后通过程序验证。

要求:先写出运算结果,然后利用程序验证。

① a>b&&b>c

② !(b>c)+(b!=∗p)||(a+b)

③ a++-c+∗q

④ ++a-c+++b

⑤ b%=c+a-c/7

⑥ (float)(a+b)/2+∗q

⑦ !(a＝＝b＋c)＆.＆.(＊ p－a)

⑧ !c＋1＋c＆.＆.b＋c/2

验证程序：

```
#include<stdio.h>
void main()
{ int a,b,c, * p=&a, * q=&b;
  a=2;b=-3;c=4;
  printf("a>b&&b>c=%d\n",a>b&&b>c);
  a=2;b=-3;c=4;
  printf("!(b>c)+(b!= * p)||(a+b)=%d\n",!(b>c)+(b!= * p)||(a+b));
  a=2;b=-3;c=4;
  printf("a++-c+ * q=%d\n",a++-c+ * q);
  a=2;b=-3;c=4;
  printf("++a-c++b=%d\n",++a-c++b);
  a=2;b=-3;c=4;
  printf("b%%=c+a-c/7=%d\n",b%=c+a-c/7);
  a=2;b=-3;c=4;
  printf("(float)(a+b)/2+ * q=%f\n",(float)(a+b)/2+ * q);
  a=2;b=-3;c=4;
  printf("!(a==b+c)&&( * p-a)=%d\n",!(a==b+c)&&( * p-a));
  a=2;b=-3;c=4;
  printf("!c+1+c&&b+c/2=%d\n",!c+1+c&&b+c/2);
}
```

（3）写出下列程序的输出结果。

要求：先写出输出结果，然后利用程序验证。

```
#include "stdio.h"
void main()
{ int a=65,b=67,c=67;
  float x=67.8564,y=-789.124;
  char C='A';
  long n=1234567;
  unsigned short u=65535;
  putchar(C);
  putchar('\t');
  putchar(C+32);
  putchar(a);
  putchar('\n');
  printf("%d%d\n",a,b);
  printf("%c%c\n",a,b);
  printf("%3d%3d\n",a,b);
  printf("%f,%f\n",x,y);
  printf("%-10f,%-10f\n",x,y);
```

```
    printf("%8.2f,%8.2f,%.4f,%.4f,%3f,%3f\n",x,y,x,y,x,y);
    printf("%e,%10.2e\n",x,y);
    printf("%c,%d,%o,%x\n",c,c,c,c);
    printf("%ld,%lo,%lx\n",n,n,n);
    printf("%hu,%ho,%hx,%hd\n",u,u,u,u);
    printf("%s,%5.3s\n","COMPUTER","COMPUTER");
}
```

(4) 根据输入写出下列程序的输出结果。

要求：先写出输出结果，然后利用程序验证。

```
#include "stdio.h"
void main()
{ char a, * p1=&a;
  int b, * p2=&b;
  float c, * p3=&c;
  a=getchar();
  putchar( * p1);
  putchar('\t');
  putchar(a>='a'&&a<='z'?a-32:a);
  putchar('\n');
  getchar();
  scanf("%c%d%f",&a,&b,&c);
  printf("a=%c b=%d c=%.2f\n",a,b,c);
  getchar();
  scanf("a=%cb=%dc=%f",p1,p2,p3);
  printf("a=%d b=%c c=%.2f\n",a,b,c);
}
```

输入：a↙

输出：

输入：b□65□3.1234↙

输出：

输入：a＝b□b＝65□c＝3.1234↙

输出：

(5) 编写程序，计算半径为 r 的圆的周长、圆的面积、球的表面积和球的体积。

要求：输入和输出都要有提示信息，输出结果保留两位小数。

2.5 思考题

(1) 变量、变量类型和变量值之间的关系如何？

(2) 若有定义：short int a＝1;，表达式!a 与～a 的值是否相等？

(3) 表达式 7/－2 和 7%－2 的值各是多少？

（4）若有定义：int a,b,c=1;,则表达式 f=a>b>c 的值是多少？

（5）若有函数调用：scanf("%d",k);,则不能使 float 类型变量 k 得到正确数值的原因是什么？

2.6　习题解答

1. 单项选择题

（1）下列选项中,合法的 C 语言用户标识符是（　　）。

　　① if　　　　　　② 1_ab　　　　　　③ ♯ab　　　　　　④ CHAR

解答：标识符只能由英文字母、数字和下画线组成,且第一个字符不能是数字,所以②和③是不合法的。另外,C 语言区分英文字母的大小写,且用户不能使用与关键字同名的标识符。if 和 char 是关键字,但 CHAR 不是关键字,所以①是不合法的,④是合法的。

答案：④

（2）C 语言中,合法的长整型常量的是（　　）。

　　① 0L　　　　　　② 'a'　　　　　　③ 0.012345　　　　　　④ 2.134e12

解答：若在一个整型常量后面加字母 L 或 l,则认为其是长整型常量,所以①是合法的。②是字符常量,③和④都是实型常量。

答案：①

（3）字符串常量"ab\\c\td\376"的长度是（　　）。

　　① 7　　　　　　② 12　　　　　　③ 8　　　　　　④ 14

解答：在字符串中,'\\'、'\t'和'\376'是转义字符,转义字符仍然是一个字符,所以字符串的长度是 7。

答案：①

（4）设 m,n,a,b,c,d 的值均为 0,执行(m=a==b)||(n=c==d)后,m、n 的值是（　　）。

　　① 0,0　　　　　　② 0,1　　　　　　③ 1,0　　　　　　④ 1,1

解答：表达式 a==b 的值为真,由此得 m 的值为 1,表达式 m=a==b 的值为 1。根据逻辑运算符"||"的运算规则,表达式 n=c==d 没有被计算,n 的值仍然为 0。

答案：③

（5）若有定义：int a=5,b;,则下列表达式中值不为 2 的是（　　）。

　　① b=a/2　　　　② b=6−(−−a)　　　③ b=a%2　　　　④ b=a>3?2:4

解答：C 语言中,若被除数和除数都为整型,则其商为整型,将小数部分舍弃,所以 a/2 的值为 2;b=6−(−−a)等价于逗号表达式(a=a−1,b=6−a),b 的值为 2;a%2 的值为 1;a>3? 2:4 的值为 2。

答案：③

（6）下列运算符中,优先级最高的是（　　）。

　　① <=　　　　　　② =　　　　　　③ %　　　　　　④ &&

解答：算术运算符、关系运算符、逻辑运算符和赋值运算符的优先级从高到低的顺

序为

!——→算术运算符——→关系运算符——→&&、∥——→赋值运算符

答案:③

(7) 若有定义:int x,a,b;,则执行语句"x=(a=3,b=a——);"后,x、a、b 的值依次是(   )。

  ① 3,3,2   ② 3,2,2   ③ 3,2,3   ④ 2,3,2

解答:(a=3,b=a——)是逗号表达式。由逗号表达式的计算过程可得 a 的值为 2,b 的值为 3。逗号表达式的值就是 b 的值,所以 x 的值为 3。

答案:③

(8) 若有定义:char ch='A';,则下列表达式的值是(   )。

  ch=(ch>='A'&&ch<='C')?(ch+32):ch

  ① 'A'   ② 'a'   ③ 'Z'   ④ 'z'

解答:表达式(ch>='A'&&ch<='C')?(ch+32):ch 的值为'a',则 ch 的值为'a',由此可得表达式 ch=(ch>='A'&&ch<='C')?(ch+32):ch 的值为'a'。

答案:②

(9) 若有定义:int a=3,b=4,*c=&a;,则下列表达式中值为 0 的是(   )。

  ① a—*c   ② a—*b   ③ b—a   ④ *b—*a

解答:选项②和④没有意义,选项①的值为 0,选项③的值为 1。

答案:①

(10) 若有定义:int a,b,c;,在下列表达式中,合法的 C 语言赋值表达式是(   )。

  ① a=7+b=c=7   ② a=b++=c=7

  ③ a=(b=7,c=12)   ④ a=3,b=a+5,c=b—2

解答:在赋值表达式中,赋值运算符的左边必须是变量或者可寻址的表达式,所以选项①和选项②是错误的,选项④是逗号表达式,不是赋值表达式,选项③将右边的逗号表达式的值赋给左边的变量。

答案:③

(11) 若有定义:char a=3,b=6,c;,则执行语句"c=(a^b)<<2;"后,c 的值为(   )。

  ① 034   ② 07   ③ 01   ④ 024

解答:"^"和"<<"都是位运算符,其操作数必须是二进制整型数据。a^b 的值为05,(a^b)<<2 的值为024。

答案:④

(12) 若有定义:float x=1,*y=&x;,则执行语句"*y=x+3/2;"后,x 的值为(   )。

  ① 1   ② 2   ③ 2.0   ④ 2.5

解答:3/2 的值为1,由于 x 是实型变量,x+3/2 的值为2.0,所以 y 所指向的变量,即 x 的值为2.0。

答案:③

(13) 若有定义:int a=3,b=4;,则语句"printf("%d,%d",(a,b),(b,a));"的输出

结果是(　　)。

　　① 3,4　　　　　　② 4,3　　　　　　③ 3,3　　　　　　④ 4,4

　　解答:(a,b)和(b,a)都是逗号表达式,其值分别为 b 的值和 a 的值。

　　答案:②

(14) 用语句"scanf("x=%f,y=%f",&x,&y);"使 x 和 y 的值均为 1.25,正确的输入是(　　)。

　　① 1.25,1.25　　　　　　　　　② 1.25□1.25

　　③ x=1.25,y=1.25　　　　　　④ x=1.25□y=1.25

　　解答:在使用 scanf()函数时,格式控制字符串中的普通字符必须原样输入,"x=""," 和"y="都是普通字符,所以选项③是正确的。

　　答案:③

(15) 若 a 是数值型,则逻辑表达式(a==1)||(a!=1)的值是(　　)。

　　① 1　　　　　　② 0　　　　　　③ 2　　　　　　④ 不确定

　　解答:不论 a 的值为何,表达式 a==1 的值和表达式 a!=1 的值中必有一个为 1,根据逻辑运算符"||"的运算规则,逻辑表达式(a==1)||(a!=1)的值是 1。

　　答案:①

(16) 下列程序中,语句"getchar();"的作用是(　　)。

```
#include "stdio.h"
void main()
{ int x;
  char c;
  scanf("%d",&x);
  getchar();
  scanf("%c",&c);
  printf("%d%c",x,c);
}
```

　　① 清除键盘缓冲区中的多余字符

　　② 接收一个字符,以便后续程序使用

　　③ 为后续的格式输出做转换

　　④ 无任何实际用处

　　解答:使用函数 scanf()或函数 getchar()接收输入,会在键盘缓冲区余下一个多余的字符'\n',也可能包括多输入的其他字符,这些字符会影响下一个接收字符或字符串的操作。本题中,语句"getchar();"的作用是取走使用函数 scanf()接收输入时余下的'\n',原因是按 Enter 键时系统会自动在键盘缓冲区中存放两个字符'\r'和'\n',函数 scanf()只处理了'\r',而'\n'变成了"垃圾"。

　　答案:①

(17) 下列语句中错误的是(　　)。

　　① x=sizeof int;

② x＝sizeof 3.14;

③ printf("％d",a+1,++b,c+＝1);

④ printf("％d",x－－,－－x);

解答：求字节数运算符 sizeof 有两种使用格式,即"sizeof(类型标识符)"和"sizeof 表达式"。其中,第一种格式中的圆括号是必需的,第二种格式则可有可无,因此选项①是错误的,选项②是正确的。在调用函数 printf()时,格式控制字符串中的格式说明项的个数与输出表列中表达式的个数可以不相等,若表达式的个数多于格式说明项的个数,只按格式说明项输出对应表达式的值,多余的表达式的值不输出;如果格式说明项的个数多于表达式的个数,通常输出一个随机值。选项③输出表达式 a+1 的值,选项④输出表达式 x－－的值,因此选项③和选项④是正确的。

答案：①

(18) 表达式(int)3.6＊3 的值为(　　)。

①　9　　　　　　　②　10　　　　　　　③　10.8　　　　　　　④　18

解答："(int)(表达式)"的运算结果是表达式的整数部分,所以表达式(int)3.6＊3 的值为 $3×3＝9$。

答案：①

(19) 若有以下定义和赋值：int i＝1,j＝0,＊p＝&i,＊q＝&j;,则下列叙述中错误的是(　　)。

①　"＊p＝＊q;"等同于"i＝j;"

②　"＊p＝＊q;"是把 q 所指变量中的值赋给 p 所指的变量

③　"＊p＝＊q;"将改变 p 的值

④　"＊p＝＊q;"将改变 i 的值

解答：因为有 p＝&i、q＝&j,所以＊p 与 i 等价、＊q 与 j 等价。由此可知,＊p＝＊q 等同于 i＝j,改变了 i 的值,即把 q 所指变量的值赋给 p 所指的变量,而 p 的值不变。

答案：③

(20) 以下关于 C 语言的叙述中正确的是(　　)。

①　C 语言中的注释不可以夹在变量名或关键字的中间

②　C 语言中的变量可以在使用之前的任何位置定义

③　在 C 语言算术表达式的书写中,运算符两侧的操作数类型必须一致

④　在 C 语言的数值常量中夹带空格不会影响常量值的正确表示

解答：在 C 语言中,注释可以在任何插入空格的地方插入。由于不能在变量名或关键字的中间插入空格,所以选项①正确。变量的定义只能出现在函数的外部、函数的说明部分、复合语句的开头和函数的参数中,因此选项②错误。整型、实型和字符型数据可以同时出现在表达式中进行混合运算,除"％"要求操作数都为整型之外,其他算数运算符都没有类型一致的要求,因此选项③错误。C 语言中的数值常量有整型常量和实型常量两种,这两种常量的表示形式中都不能有空格,因此选项④错误。

答案：①

2. 程序填空题（在下列程序的_____处填上正确的内容，使程序完整）

（1）下列程序的功能是交换变量 x 和 y 的值。

```
#include<stdio.h>
void main()
{ int x=10,y=20;
  x+=y;
  y=x-y;
  _____;
  printf("\n%d,%d",x,y);
}
```

解答：执行"x＋＝y"后，将 y 的值累加到 x 中；执行"y＝x－y"后，y 的值是原来 x 的值；若使 x 的值是原来 y 的值，则需要用 x 的值减去 y 的值。

答案：x－＝y(或 x＝x－y)

（2）下列程序的功能是取出一个短整型数 x 的低字节的高 4 位数。

```
#include<stdio.h>
void main()
{ short int x,y;
  scanf("%hd",&x);
  y=_____;
  printf("%hd\n",y);
}
```

解答：先用 x 与 0x00f0 进行按位与运算，取得 x 的低字节数据，然后将取得的数据右移 4 位，即可得到低字节的高 4 位。

答案：(x&0x00f0)＞＞4

（3）下列程序的功能是将值为 3 位正整数的变量 x 的数值按照个位、十位、百位的顺序拆分并输出。

```
#include<stdio.h>
void main()
{ int x=123;
  printf("%d,%d,%d\n",_____,x/10%10,x/100);
}
```

解答：若 x 是一个 3 位正整数，则表达式 x%10(或 x%100%10)的值是 x 的个位数，表达式 x/10%10(或 x%100/10)的值是 x 的十位数，表达式 x/100(或 x/10/10)的值是 x 的百位数。

答案：x%10 或 x%100%10

（4）下列程序的功能是输出一个单精度实型数的绝对值。

```
#include<stdio.h>
void main()
```

```
{ float x,y;
  scanf("%f",&x);
  y=_____;
  printf("%f\n",y);
}
```

解答：由于程序中没有文件包含：#include "math.h"，所以不能使用求绝对值函数 fabs()。方法是：若非负，则取原值，否则取其相反数，所以应填"x>=0?x:-x"或"x<0?-x:x"。

答案：x>=0?x:-x 或 x<0?-x:x

（5）下列程序的功能是把从键盘输入的字符输出。

```
_____
void main()
{ char ch;
  ch=getchar();
  printf("%c\n",ch);
}
```

解答：由于程序调用了系统函数 getchar()，且此函数在头文件 stdio.h 中，因此使用前一定要使用文件包含：#include "stdio.h" 或 #include<stdio.h>。

答案：#include "stdio.h"或 #include<stdio.h>

3. 程序改错题（下列每段程序中各有一个错误，请找出并改正）

（1）

```
#include<stdio.h>
void main()
{ int a,b;
  float x,y,z;
  scanf("%f%f%f",&x,&y,&z);
  a=b=x+y+z;
  c=a+b;
  printf("%d,%d,%d\n",a,b,c);
}
```

解答：在 C 语言中，变量必须先定义后使用，该程序中使用了未定义的变量 c。
答案：
错误行：int a,b;
改正为：int a,b,c;

（2）

```
#include<stdio.h>
void main()
{ int a=b=10;
```

```
  a+=b+5;
  b * =a+=10;
  printf("%d,%d\n",a,b);
}
```

解答：C 语言中，在定义变量时可以为变量赋初值，但必须对每个变量分别赋值，即使多个同类型的变量具有相同的初始值也是如此。

答案：

错误行：int a＝b＝10；

改正为：int a＝10,b＝10；

（3）下列程序的功能是输入一个有 2 位小数的单精度实型数，然后输出其整数部分。

```
#include<stdio.h>
void main()
{ float x;
  long y;
  scanf("%.2f",&x);
  y=x * 100/100;
  printf("%ld\n",y);
}
```

解答：使用函数 scanf()输入实型数时不能指定精度。

答案：

错误行：scanf("％.2f",＆x);

改正为：scanf("％f",＆x);

（4）下列程序的功能是输入一个英文字符，然后输出其 ASCII 码值。

```
#include<stdio.h>
void main()
{ char ch;
  scanf("%c",ch);
  printf("%d\n",ch);
}
```

解答：函数 scanf()的一般调用格式为：scanf("格式控制字符串",地址表列)，地址表列中的每一项必须都为地址，是输入数据要存入的存储单元的地址。

答案：

错误行：scanf("％c",ch);

改正为：scanf("％c",＆ch);

（5）下列程序的功能是输入变量 x 的值，然后输出 2x＋10 的值。

```
#include<stdio.h>
void main()
{ float x,y;
```

```
        scanf("%f",&x);
        y=2x+10;
        printf("%f\n",y);
    }
```

解答：y＝2x＋10 是数学表达式,其对应的 C 语言表达式是 y＝2 * x＋10。

答案：

错误行：y＝2x＋10；

改正为：y＝2 * x＋10；

4. 程序分析题

（1）写出下列程序的运行结果。

```
#include<stdio.h>
void main()
{ int x=3,y=3,z=1;
    printf("%d      %d\n",(++x,y++),z+2);
}
```

解答：第一个格式说明项输出的是逗号表达式（＋＋x,y＋＋）的值,即 y 的值,其值为 3,第二个格式说明项输出的是算术表达式 z＋2 的值,其值也为 3。

答案：3   3

（2）写出下列程序的运行结果。

```
#include<stdio.h>
void main()
{ int a=1,b=0;
    printf("%d, ",b=a+b);
    printf("%d\n",a=2+b);
}
```

解答：第一次调用函数 printf()输出赋值表达式 b＝a＋b 的值（其值为 1）和",",第二次调用函数 printf()输出赋值表达式 a＝2＋b 的值（其值为 3）。

答案：1，3

（3）写出下列程序的运行结果。

```
#include<stdio.h>
void main()
{ charA1,A2;
    A1='A'+'8'-'4';
    A2='A'+'8'-'5';
    printf("%c,%d\n",A1,A2);
}
```

解答：A1＝'A'+'8'－'4'＝65＋56－52＝69,ASCII 码值为 69 的字符是'E';A2＝'A'+'8'－'5'＝65＋56－53＝68。

　答案：E,68

（4）写出下列程序的运行结果。

```
#include<stdio.h>
void main()
{ int m=1,n=2, * p=&m, * q=&n, * r;
  r=p;p=q;q=r;
  printf("%d,%d,%d,%d\n",m,n, * p, * q);
}
```

　解答：初始化时,p 指向 m,q 指向 n;交换 p 和 q 的值后,p 指向 n,q 指向 m。

　答案：1,2,2,1

（5）写出下列程序的运行结果。

```
#include<stdio.h>
void main()
{ int x=20;
  printf("%d  ",0<x<20);
  printf("%d\n",0<x&&x<20);
}
```

　解答：关系运算符的结合方向为左结合,0<x<20 等价于(0<x)<20,其值为 1。关系运算符的优先级高于逻辑运算符"&&",表达式 0<x 的值为 1,表达式 x<20 的值为 0,根据逻辑运算符"&&"的运算规则,表达式 0<x&&x<20 的值为 0。

　答案：1　　0

（6）写出下列程序的运行结果。

```
#include<stdio.h>
void main()
{ char a,b,c,d;
  scanf("%c%c",&a,&b);          /* 输入：12↙34↙ */
  c=getchar();
  d=getchar();
  printf("%c%c%c%c\n",a,b,c,d);
}
```

　解答：调用函数 scanf()和函数 getchar()输入字符型数据时,空格和转义字符都会被作为有效字符接收。因此,a 的值为'1',b 的值为'2',c 的值为 Enter,d 的值'3'。

　答案：12

　　　　3

（7）写出下列程序的运行结果。

```
#include<stdio.h>
void main()
{ int a=1,b=1,c=1;
```

```
b=b+c;
a=a+b;
printf("%d,",a<b?b:a);
printf("%d,",a<b?a++:b++);
printf("%d,%d",a,b);
}
```

解答：执行 b＝b＋c 和 a＝a＋b 后，a 的值为 3，b 的值为 2。根据条件表达式的求解过程，a＜b?b:a 的值是 a 的值，a＜b?a＋＋:b＋＋的值是 b 的值，求解表达式 a＜b?a＋＋:b＋＋后，a 的值不变，b 的值加 1。

答案：3,2,3,3

(8) 写出下列程序的运行结果。

```
#include<stdio.h>
void main()
{ int a=2,b=2,c=2;
  printf("%d\n",a/b&c);
}
```

解答：算数运算符"/"的优先级高于位运算符"&"，表达式 a/b 的值为 1，表达式 1&c 的值为 0。

答案：0

(9) 写出下列程序的运行结果。

```
#include<stdio.h>
void main()
{ int x=10,y=20,* p=&x,* q=&y;
  * p* =5,* q%= * p+50;
  printf("%d,%d\n",x,y);
}
```

解答：* p 与 x 等价，* q 与 y 等价。执行 * p* ＝5 后 x 的值为 50，执行 * q%＝ * p ＋50 后 y 的值为 20。

答案：50,20

(10) 写出下列程序的运行结果。

```
#include<stdio.h>
void main()
{ char c1='t',c2='b',c3='\101',c4='\116';
  printf("\r123\t456%c\r456\b7\n",c1);
  printf("%c\\%c\r%c\r%c\r  \n",c1,c2,c3,c4);
}
```

解答：c3＝'A'，c4＝'N'，'\r'的功能是回车（即光标到所在行的行首），'\n'的功能是换行（即光标到所在行的下一行的行首）。

答案：457　　　456t
　　　　　b

5. 程序设计题

(1) 输入 3 个单精度数,输出其中的最小值。

解答：使用条件表达式。

```
#include "stdio.h"
void main()
{ float x,y,z,min;
  printf("input three real numbers:");
  scanf("%f%f%f",&x,&y,&z);
  min=x<y?x:y;                    /* 求 x、y 的最小值 */
  min=min<z?min:z;                /* 求 x、y、z 的最小值 */
  printf("min=%f\n",min);
}
```

(2) 输入两个正整型数,按等式格式输出这两个数的和、差、积、商。其中,商保留 2 位小数。

解答：通过函数 printf() 的格式控制实现按等式格式输出。

```
#include "stdio.h"
void main()
{ int a,b;
  printf("input two integer numbers:");
  scanf("%d%d",&a,&b);
  printf("%d+%d=%d\n",a,b,a+b);
  printf("%d-%d=%d\n",a,b,a-b);
  printf("%d*%d=%d\n",a,b,a*b);
  printf("%d/%d=%.2f\n",a,b,(float)a/b);
}
```

(3) 输入三角形的三边长,输出三角形的面积。

计算三角形面积的公式为

$$area=\sqrt{s(s-a)(s-b)(s-c)}$$

其中,a,b,c 为三边长,s=(a+b+c)/2。

解答：输入能构成三角形的 3 个实型数,根据公式计算其面积。C 语言中,开平方函数为 sqrt(),在头文件 math.h 中。

```
#include "math.h"
#include "stdio.h"
void main()
{ float a,b,c,s,area;
  printf("input three edges:");
  scanf("%f%f%f",&a,&b,&c);
```

```
s=(a+b+c)/2;
area=sqrt(s * (s-a) * (s-b) * (s-c));
printf("area=%.2f\n",area);
}
```

（4）利用指针交换两个变量的值。

解答：定义两个指针变量 p 和 q,并使其分别指向要交换值的两个变量,然后交换 * p 和 * q 即可。

```
#include "stdio.h"
void main()
{ int a=5,b=10, * p, * q,temp;
  printf("before swap a=%d, b=%d\n",a,b);
  p=&a;q=&b;
  temp= * p; * p= * q; * q=temp;
  printf("after swap a=%d, b=%d\n",a,b);
}
```

（5）输入一个华氏温度 F,根据下列公式输出其对应的摄氏温度 C。

$$C=\frac{5}{9}(F-32)$$

解答：数学表达式 $C=\frac{5}{9}(F-32)$ 对应的 C 语言表达式为 $C=5.0/9 * (F-32)$。

```
#include "stdio.h"
void main()
{ float C,F;
  printf("input F:");
  scanf("%f",&F);
  C=5.0/9 * (F-32);        /* 或写成 C=5 * (F-32)/9 */
  printf("c=%.2f\n",C);
}
```

2.7　自测试题参考答案

1.单项选择题

（1）C　　　（2）D　　　（3）B　　　（4）B　　　（5）B　　　（6）A　　　（7）D
（8）D　　　（9）D　　　（10）B

2. 程序改错题

（1）

错误行：Int a='1',b='2';

改正为：int a='1',b='2';

（2）

错误行：int x＝2,y＝3；

改正为：int x＝2,y＝3,z；

（3）

错误行：printf('%d, %d, %d\n',i,j,a);

改正为：printf("%d, %d, %d\n",i,j,a);

（4）

错误行：int a＝5,b＝c＝6,d；

改正为：int a＝5,b＝6,c＝6,d；

（5）

错误行：* p＝a；

改正为：p＝&a；

3. 程序分析题

（1）2,1　　（2）3　　（3）1　　（4）====5###5,7

（5）-1 177777 0xffff

4. 程序设计题

（1）

```
#include<stdio.h>
void main()
{ float a,b,c,result;
  printf("input a,b,c:");
  scanf("%f%f%f",&a,&b,&c);
  result=(b*b-4*a*c)/(2*a);
  printf("result=%.2f",result);
}
```

（2）

```
#include<stdio.h>
void main()
{ char ch;
  printf("input ch:");
  scanf("%c",&ch);
  ch=ch>='a'&&ch<='z'?ch-32:ch;
  printf("%c\n",ch);
}
```

2.8　实验题目参考答案

（1）

① x＝10　　② x＝1　　③ x＝6　　④ x＝0　　⑤ x＝0

（2）

① a＞b&&b＞c＝0

② !(b＞c)+(b!=＊p)||(a+b)＝1

③ a++-c+＊q＝-5

④ ++a-c+++b＝-4

⑤ b%＝c+a-c/7＝-3

⑥ (float)(a+b)/2+＊q＝-3.500000

⑦ !(a==b+c)&&(＊p-a)＝0

⑧ !c+1+c&&b+c/2＝1

（3）

```
A       aA
6567
AC
 65 67
67.856400,-789.124023
67.856400 ,-789.124023
   67.86, -789.12,67.8564,-789.1240,67.856400,-789.124023
6.785640e+001,-7.89e+002
C,67,103,43
1234567,4553207,12d687
65535,177777,ffff, -1
COMPUTER, COM
```

（4）

输入：a↙
输出：a   A
输入：b□65□3.1234↙
输出：a=b b=65 c=3.12
输入：a=b□b=65□c=3.1234↙
输出：a=98 b=A c=3.12

（5）

```
#define PI 3.14
#include "stdio.h"
void main()
{ float r,L,S,V;
  printf("Input radius:");
  scanf("%f",&r);
  L=2＊PI＊r;
  S=PI＊r＊r;
  V=4.0/3＊PI＊r＊r＊r;
  printf("L=%.2f\nS=%.2f\nV=%.2f\n",L,S,V);
}
```

2.9　思考题参考答案

（1）答：编译时，编译程序会根据变量的类型为其分配内存单元。变量被定义后，变量名是固定的，但变量的值可以随时被改变，变量值存放在为变量分配的内存单元中。在程序运行的每个时刻，变量都有其当前值，即使变量从未被赋值，其也有一个不确定的值（静态型和外部型变量除外），其值是变量分配到的内存单元中的原有值。

（2）答：不相等。"!"是逻辑非运算符，其运算规则是：若运算对象为真（非 0），则运算结果为假（0）；若运算对象为假（0），则运算结果为真（1）。由此可知，若 a 值为 1，则 !a 的值是 0。"～"是按位取反运算符，其运算规则是：将一个二进制数按位取反，即 1 变 0，0 变 1。由此可知，若 a 的值为 1，则 ～a 的值为 −2。

（3）答："/"是除法运算符，若分子和分母的类型同为整型，则其结果为整型，舍弃小数部分。表达式 7/−2 的值是 −3。"%"是取余（模）运算符，其要求被除数和除数必须同为整型数，运算结果的符号与被除数相同。表达式 7%−3 和 7%3 的值是 1，表达式 −7%−3 和 −7%3 的值是 −1。

（4）答：关系运算的优先级高于赋值运算符，且关系运算符的结合方向为左结合，因此 f＝a＞b＞c 等价于 f＝((a＞b)＞c)。因为 a＞b 的值为 1 或 0，所以表达式 a＞b＞c 的值为 0。由此可知，f 的值为 0，表达式 f＝a＞b＞c 的值为 0。

（5）答：① 未指明 k 的地址。

② 格式字符与变量类型不匹配。

正确形式应该是：scanf("%f",&k);。

第 **3** 章 控制语句与预处理命令

CHAPTER

3.1 内容概述

本章主要介绍分支语句、循环语句、无条件转移语句以及宏定义、文件包含和条件编译等编译预处理命令。本章的知识结构如图 3.1 所示。

图 3.1 第 3 章知识结构

考核要求：熟练掌握 if 语句、switch～case 语句的执行过程和用法；熟练掌握 while 语句、do～while 语句、for 语句的执行过程、用法以及三种循环格式之间的转换和嵌套；掌握宏定义和文件包含的用法；掌握 break 语句和 continue 语句的功能和用法；了解 goto 语句功能。

重点难点：本章的重点是实现分支结构的两个语句和实现循环结构的 3 个语句的用法。本章的难点是分支语句的嵌套和循环语句的嵌套。

核心考点：分支语句的格式及使用，循环语句的格式及使用，宏定义及宏调用。

3.2 典型题解析

【例3.1】 下列关于 if 后面的圆括号内的"表达式"值的叙述中正确的是( )。

A. 必须是逻辑值   B. 必须是整数值

C. 必须是正数   D. 可以是任意合法的数值

解析：if 后面的表达式的值应该是逻辑值,即"真"或"假",但 C 语言中没有逻辑类型数据。C 语言规定,表达式的值为 0 代表"假",表达式的值为非 0 代表"真"。因此,表达式的值可以是任意合法的数值。

答案：D

【**例 3.2**】 若有定义：int a＝3,b＝2,c;,则以下语句中执行效果与其他三个不同的是( )。

A. if(a>b) c＝a,a＝b,b＝c;   B. if(a>b) {c＝a,a＝b,b＝c;}

C. if(a>b) c＝a;a＝b;b＝c;   D. if(a>b) {c＝a;a＝b;b＝c;}

解析："c＝a,a＝b,b＝c;"是一个逗号表达式语句,根据单分支 if 语句的执行过程,选项 A、选项 B 和选项 D 具有相同的执行效果。在选项 C 中,单分支语句是"if(a>b)c＝a;",无论条件是否为真,其后面的两个语句都会顺序执行。

答案：C

【**例 3.3**】 下列条件语句中,功能与其他语句不同的是( )。

A. if(a) printf("%d\n",x); else printf("%d\n",y);

B. if(a＝＝0) printf("%d\n",y); else printf("%d\n",x);

C. if(a!＝0) printf("%d\n",x); else printf("%d\n",y);

D. if(a＝＝0) printf("%d\n",x); else printf("%d\n",y);

解析：根据双分支 if 语句的执行过程,选项 A、选项 B 和选项 C 具有相同的功能,即若 a 的值不是 0,则输出 x,否则输出 y。选项 D 的功能是若 a 的值是 0,则输出 x,否则输出 y。本题可使用排除法,因为选项 B 和选项 D 的功能相反,所以答案只能是其中的一个,再从选项 A 和选项 C 中选择一项,查看其功能与选项 B 和选项 D 中的哪一项不同,即可得到答案。

答案：D

【**例 3.4**】 下列程序运行后的输出结果是( )。

```
#include<stdio.h>
void main()
{ int x=5,y=10;
  if(x>20) y++;
  else if(x>10) y+=2;
      else if(x>5) y+=3;
          else y+=4;
  printf("%d\n",y);
}
```

A. 14   B. 13   C. 12   D. 11

解析：表达式 x>20、x>10 和 x>5 的值都为 0(假),根据多分支 if 语句的执行过程,执行语句"y＋＝4;",即 y＝10＋4＝14。

答案：A

【例 3.5】　下列程序运行后的输出结果是(　　　)。

```
#include<stdio.h>
void main()
{ int a=1,b=2,c=3,d=0;
  if(a==1)
    if(b!=2)
      if(c==3)      d=1;
      else          d=2;
    else if(c!=3)   d=3;
        else        d=4;
  else              d=5;
  printf("%d\n",d);
}
```

　A. 1　　　　　　　B. 2　　　　　　　C. 3　　　　　　　D. 4

解析：程序中的 if 语句是嵌套格式。先计算表达式 a==1 的值,其值为 1(真),然后计算表达式 b!=2 的值,其值为 0(假),再计算表达式 c!=3 的值,其值为 0(假),执行语句"d=4;"。

答案：D

【例 3.6】　下列程序段中正确的是(　　　)。

A. int a=1,b=2;
　switch(a)
　{ case b：a+=2;break;
　　case b+2：a+=4;break;
　　case b+4：a+=8;break;
　}

B. int a=10,b;
　switch(a)
　{ case 10.0：b=3;break;
　　case10.1：b=4;break;
　　case 10.2：b=5;break;
　}

C. #define b 11
　int a=10,z;
　switch(a)
　{ case 12：z=3;break;
　　case b+1：a+=10;break;
　　case b-10：b-=20;break;
　}

D. int a=0,b;
　switch(a)
　{ case 3：
　　case 1:b=10;break;
　　case 2:b=15;break;
　　case 0:b=20;
　}

解析：选项 A 错误,因为 C 语言要求 case 后面的表达式必须为常量表达式。选项 B 错误,因为 C 语言要求 case 后面的常量表达式的值必须为整型、字符型或枚举型。选项 C 错误,因为 C 语言要求各 case 后面的常量表达式的值必须互不相同,宏替换后 b+1 的结果为 12;另外,b 是常量,不能被赋值。

答案：D

【例 3.7】　下列程序运行后的输出结果是(　　　)。

```
#include<stdio.h>
void main()
{ int a=16,b=22,m=0;
  switch(a%3)
  { case 0:m+=1;break;
    case 1:m+=2;
    switch(b%3)
    { default:m+=3;
      case 1: m+=4;break;
    }
  }
  printf("%d\n",m);
}
```

    A. 2   B. 3   C. 5   D. 6

解析：根据 switch～case 语句的执行过程,先计算表达式 a%3(其值为 1),执行语句"m+=2;",m 的值为 2;然后计算表达式 b%3(其值为 1),执行语句"m+=4;",m 的值为 6。

答案：D

【例 3.8】 为使下列程序的输出结果为 t＝4,则输入变量 a 和 b 应满足的条件是(   )。

```
#include<stdio.h>
void main()
{ int s,t,a,b;
  scanf("%d,%d", &a, &b);
  s=1; t=1;
  if(a>0) s=s+1;
  if(a>b) t=s+t;
  else t=2*s;
  printf("t=%d",t);
}
```

    A. a＞0   B. a＞b   C. b＜a≤0   D. 0＜a≤b

解析：若 a＞0 且 a＞b,则 t 的值为 3;若 a＞0 且 a≤b,则 t 的值为 4;若 a≤0 且 a＞b,则 t 的值为 2;若 a≤0 且 a≤b,则 t 的值为 2。

答案：D

【例 3.9】 下列程序段中不是死循环的是(   )。

    A. int i＝10;   B. int i＝1;

        while(1)   while(i); i－－;

        { i＝i%10＋1;

          if(i＞10) break;

        }

C. int i;

    do{i=0;i++;} while(i<=0);

D. int i;

    for(i=1; ;i++);

解析：C 语言的 3 个循环语句都有一个循环终止条件，且都是在条件为真(非 0)时循环继续，条件为假(0)时循环终止。另外，可通过在循环体中使用 break 语句或 goto 语句终止循环。

本题中，选项 A 是错误的，因为循环条件总为真且表达式 i>10 的值总为假，循环不能终止。选项 B 是错误的，因为循环体是空语句(;)，循环变量 i 的值不变(始终为 1)，循环条件总为真，循环不能终止。选项 C 是正确的，因为循环体执行 1 次后，i 的值为 1，循环条件 i<=0 的值为假，退出循环。选项 D 是错误的，因为在 for 语句中，若表达式 2 省略，则认为表达式 2 的值为真(1)，即循环条件总为真，循环不能终止。

答案：C

【**例 3.10**】　若变量已正确定义，下列不能计算 5!的程序段是(　　　)。

A. for(i=1,p=1;i<=5;i++) p*=i;

B. for(i=1;i<=5;i++){ p=1; p*=i;}

C. i=1;p=1;while(i<=5){p*=i;i++;}

D. i=1;p=1;do{ p*=i;i++; }while(i<=5);

解析：选项 B 不能完成 5!的计算，因为其每次循环都会先将变量 p 的值置 1，这样，p*=i 等价于 p=i，p 的最终值是 5。

答案：B

【**例 3.11**】　下列程序运行后的输出结果是(　　　)。

```
#include<stdio.h>
void main()
{ int a=1, b=2;
  for( ;a<8;a++) {b+=a;a+=2;}
  printf("%d,%d\n",a,b);
}
```

A. 9,18　　　　　B. 8,11　　　　　C. 7,11　　　　　D. 10,14

解析：根据 for 语句的执行过程，本题中的 for 语句等价于语句

```
for(;a<8;a+=3) b+=a;
```

循环变量 a 的初值为 1，步长为 3，循环次数为 3 次(a=1,4,7)，每次循环将 a 的值累加到 b。当 a 的值为 10 时退出循环，此时 b 的值为 14(2+1+4+7)。

答案：D

【**例 3.12**】　下列程序运行后的输出结果是(　　　)。

```
#include<stdio.h>
void main()
{ int i,j,m=1;
  for(i=1;i<3;i++)
```

```
  { for(j=3;j>0;j--)
   { if(i*j>3) break;
     m*=i*j;
   }
  }
 printf("m=%d\n",m);
}
```

A. m=6   B. m=2   C. m=4   D. m=5

解析：break 语句只能在循环语句和 switch 语句中使用。用于 switch 语句时,将退出包含它的最内层的 switch 语句;用于循环语句时,将退出包含它的最内层的循环。

本题中,外层循环只执行 2 次,这 2 次循环的执行情形如下。

当 i=1 时,内层循环执行 3 次(j=3,2,1)。内循环中 if 语句判断条件 i*j>3 每次都为假,执行语句"m*=i*j;",故内循环结束时 m=6。

当 i=2 时,内循环执行 1 次(j=3)。由于 i*j>3 为真,因此执行 break 语句,退出内循环,没有执行语句"m*=i*j;",m 的值没有变化。

答案：A

【例 3.13】 下列程序运行后的输出结果是(   )。

```
#include<stdio.h>
void main()
{ int m=14,n=63;
  while(m!=n)
  { while(m>n) m=m-n;
    while(m<n) n=n-m;
  }
  printf("%d\n",m);
}
```

A. 0   B. 7   C. 14   D. 63

解析：该程序的功能是计算两个正整数的最大公约数。

答案：B

【例 3.14】 下列程序运行后的输出结果是(   )。

```
#include<stdio.h>
void main()
{ int x=9;
  do
  { if(x%3==0)
    { printf("%d",--x);--x;continue;}
    else x--;
  }while(x>1);
}
```

A. 741　　　　　B. 852　　　　　C. 963　　　　　D. 876

解析：continue 语句只能在循环语句的循环体内使用,其功能是结束本次循环,跳过循环体中尚未执行的部分,并进行下一次是否执行循环的判断。在 while 语句和 do~while 语句中,continue 语句把程序控制转到 while 后面括号内的表达式处,在 for 语句中,continue 语句把程序控制转到表达式 3 处。

该程序的功能是：若 x%3==0,则输出 x-1,其中,x 是 9~2 的整数。

答案：B

【例 3.15】　下列程序运行时,若输入 １ ２ ３ ４ ５ ０↙,则输出结果是(　　　)。

```c
#include<stdio.h>
void main()
{ int s;
  scanf("%d",&s);
  while(s>0)
  { switch(s)
    { case 1:printf("%d",s+5);
      case 2:printf("%d",s+4); break;
      case 3:printf("%d",s+3);
      default:printf("%d",s+1);break;
    }
    scanf("%d",&s);
  }
}
```

A. 6566456　　　　B. 66656　　　　C. 66666　　　　D. 6666656

解析：本题中,循环执行 5 次,执行情形如下。

第 1 次循环：s=1,依次输出表达式 s+5 和 s+4 的值(6 和 5)。由此可知,选项 B、C、D 错误。

第 2 次循环：s=2,输出表达式 s+4 的值(6)。

第 3 次循环：s=3,依次输出表达式 s+3 和 s+1 的值(6 和 4)。

第 4 次循环：s=4,输出表达式 s+1 的值(5)。

第 5 次循环：s=5,输出表达式 s+1 的值(6)。

答案：A

【例 3.16】　以下程序的功能是从键盘输入若干整数,当输入-1 时结束输入,输出-1 之前的所有整数的最大值和最小值,并输出这些整数的个数,请填空。

```c
#include<stdio.h>
void main()
{ int x,amax,amin,n=0;
  scanf("%d",&x);
  if(x!=-1)
  { amax=x;amin=x;}
```

```
    while(        ①        )
    {        ②        ;
      if(x>amax) amax=x;
      if(x<amin) amin=x;
          ③          ;
    }
    if(n==0) printf("no valid input\n" );
    else  printf("\nn=%d,amax=%d,amin=%d\n",n,amax,amin);
}
```

解析：该程序中，amax 存放最大值，amin 存放最小值，n 存放数据的个数。由于数据输入的结束条件是 -1，故①处填写 x!$=-1$。若输入的数据不为 -1，则计数器 n 的值加 1，故②处填写 n++(或++n 或 n+=1 或 n=n+1)。当前数据处理之后，需要从键盘接收下一个数据，故③处填写 scanf("%d",&x)。

答案：① x!$=-1$ ②n++(或++n 或 n+=1 或 n=n+1)   ③ scanf("%d",&x)

【例 3.17】 编写程序，从键盘输入 10 名学生的 4 门课程的成绩，计算并输出平均分大于或等于 60 分的学生的平均成绩。

解析：对每名学生先计算其 4 门课程的总成绩，然后计算平均分，若大于或等于 60 分，则输出。

```
#include<stdio.h>
#define N 10
void main()
{ int n,k;
  float score,sum,ave;
  for(n=1;n<=N;n++)
  { sum=0;
    for(k=1;k<=4;k++)
    { scanf("%f",&score); sum+=score; }
    ave=sum/4;
    if(ave>=60) printf("No. %d: %.2f\n",n,ave);
  }
}
```

【例 3.18】 编写程序，输出 1000 之内的完数。"完数"是指一个数恰好等于它的因子(包括 1 但不包括本身)之和。例如，6 的因子是 1、2、3，6＝1＋2＋3，因此 6 是一个完数。

解析：对 1～999 的每个数，找出所有因子并求和，若所有因子之和与该数相等，则输出。

```
#include<stdio.h>
void main()
{ int i,j,m;
  for(i=1;i<1000;i++)
  { m=0;
```

```
    for(j=1;j<=i/2;j++)
      if(i%j==0) m+=j;              /* 找因子并求和 */
    if(i==m)
    { for(j=1;j<=i/2;j++)
        if(i%j==0) printf("%d+",j);
      printf("\b=%d\n",i);          /* 输出完数 */
    }
  }
}
```

【例 3.19】　编写程序,从键盘输入一个正整数,输出其各位数字的平方和。

解析:利用取余运算,从个位开始依次取出正整数的每位数,计算每位数的平方并累加。

```
#include<stdio.h>
void main()
{ int n,sum=0;                     /* n 存放正整数,sum 存放 n 的各位数字的平方和 */
  scanf("%d",&n);                  /* 输入正整数 */
  while(n)
  { sum+=(n%10)*(n%10);            /* 将 n 的个位数的平方累加到 sum */
    n/=10;                         /* 将 n 的个位数删除 */
  }
  printf("%d\n",sum);              /* 输出 n 的各位数的平方和 */
}
```

【例 3.20】　以下程序中,for 语句的循环体执行的次数是_____。

```
#define N 3
#define M N+1
#define K M+1*M/2
#include<stdio.h>
void main()
{ int i;
  for(i=1;i<K;i++)
  { … }
    ⋮
}
```

解析:宏定义在编译时处理,要先替换后计算。

K→M+1*M/2→N+1+1*N+1/2→3+1+1*3+1/2=7,循环次数为 7-1=6。

若将 #define M N+1 改为 #define M (N+1),则 K→M+1*M/2→(N+1)+1*(N+1)/2→(3+1)+1*(3+1)/2=6,循环次数为 6-1=5。

答案:6

【例 3.21】　以下程序运行后的输出结果是_____。

```
#include<stdio.h>
#define S(x) 4*x*x+1
void main()
```

```
{ int i=6,j=8;
  printf("%d\n",S(i+j));
}
```

解析：宏定义在编译时处理，要先替换后计算。

$S(i+j) \rightarrow 4*i*j*i+j+1 = 4*6+8*6+8+1 = 81$。

若将 #define S(x) 4*x*x+1 改为 #define S(x) 4*(x)*(x)+1,则 $S(i+j) \rightarrow 4*(i+j)*(i+j)+1 = 4*(6+8)*(6+8)+1 = 785$。

答案：81

【例3.22】 下列叙述中错误的是(   )。

  A. #include 命令可以包含一个含有函数定义的 C 语言源程序文件

  B. 使用"#include<文件名>"的格式比使用"#include "文件名""的格式节省编译时间

  C. #include "C:\\USER\\F1.H"是正确包含命令,表示文件 F1.H 存放在 C 盘的 USER 目录下

  D. "#include<文件名>"格式的文件名之前不能包含路径

解析：文件包含的一般格式为：#include "文件名"或#include<文件名>。文件包含的基本作用是将指定的文件内容包含到当前文件中,文件可以是系统提供的,也可以是用户编写的。由此可知,选项 A 正确。两种格式是有区别的,"#include<文件名>"格式,系统直接到指定路径搜索文件;"#include "文件名""格式下,系统先在当前目录搜索被包含的文件,若未找到,再到系统指定的路径搜索。由此可知,选项 B 正确。两种格式的文件名之前都可以包含路径。例如,在 VC++ 环境中,要包含 C 盘的 USER 目录下的文件 F1.H,下列 4 种形式都是正确的包含命令。

```
#include "C:\\USER\\F1.H"
#include<C:\\USER\\F1.H>
#include "C:\USER\F1.H"
#include<C:\USER\F1.H>
```

由此可知,选项 C 正确,选项 D 错误。

答案：D

3.3 自测试题

1. 单项选择题

(1) 与语句"k=a>b? (b>c? 1:0):0;"功能相同的程序段是(   )。

  A. if((a>b)&&(b>c)) k=1;
    else k=0;

  B. if((a>b)||(b>c)) k=1;
    else k=0;

  C. if(a<=b) k=0;
    else if(b<=c) k=1;

  D. if(a>b) k=1;
    else if(b>c) k=1;
      else k=0;

（2）以下 if 语句形式中不正确的是（　　）。

    A. if(x＞y＆＆x!＝10)；

    B. if(x!＝y) x+＝y++；

    C. if(x＝＝y) scanf("%d",&x)　else scanf("%d",&y)；

    D. if(x＞＝y) {x++;y－－;}

（3）有以下程序段：

```
int n=0,p;
do{ scanf("%d",&p);n++;}while(p!=12345&&n<3);
```

此处 do~while 循环的结束条件是（　　）。

    A. p 的值不等于 12345 且 n 的值小于 3

    B. p 的值等于 12345 且 n 的值大于或等于 3

    C. p 的值不等于 12345 或者 n 的值小于 3

    D. p 的值等于 12345 或者 n 的值大于或等于 3

（4）C 语言中，while 语句和 do~while 语句的主要区别是（　　）。

    A. do~while 语句的循环体至少无条件执行一次

    B. while 语句的循环控制条件比 do~while 语句的循环控制条件严格

    C. do~while 语句允许从外部转到循环体内

    D. do~while 语句的循环体不能是复合语句

（5）若 i 和 k 都是 int 类型变量，有以下 for 语句：

```
for(i=0,k=-1;k=1;k++) printf("%d\n",k);
```

则下面关于语句执行情况的叙述中正确的是（　　）。

    A. 循环体执行两次　　　　　　　　　B. 循环体执行一次

    C. 循环体一次也不执行　　　　　　　D. 构成无限循环

（6）以下描述中错误的是（　　）。

    A. break 语句和 continue 语句的作用是一样的

    B. break 语句可用于 do~while 语句

    C. 在循环语句中使用 break 语句是为了跳出循环，提前结束循环

    D. 在循环语句中使用 continue 语句是为了结束本次循环，而不是退出循环

（7）以下程序中，while 循环的执行次数是（　　）。

```
#include<stdio.h>
void main()
{ int i=0;
  while(i<10)
  { if(i<1) continue;
    if(i==5) break;
    i++;
  }
}
```

A. 1   B.死循环,不能确定次数

C. 6   D. 10

(8) 有以下程序:

```
#include<stdio.h>
#include<stdlib.h>
void main()
{ int i,n;
  for(i=0;i<8;i++)
  { n=rand()%5;
    switch(n)
    { case 1: case 3: printf("%d\n",n); break;
      case 2: case 4: printf("%d\n",n); continue;
      case 0: exit(0);
    }
    printf("%d\n",n);
  }
}
```

以下叙述中正确的是( )。

    A. for 循环语句固定执行 8 次

    B. 当产生的随机数 n 为 4 时结束循环操作

    C. 当产生的随机数 n 为 1 和 2 时不做任何操作

    D. 当产生的随机数 n 为 0 时结束程序运行

(9) 以下叙述中正确的是( )。

    A. 一行可以写多个有效的预处理命令

    B. 宏名必须用大写字母表示

    C. 宏替换只占用编译时间,不占用运行时间

    D. C 程序在执行过程中对预处理命令进行处理

(10) 有以下程序:

```
#include<stdio.h>
#define f(x) (x * x)
void main()
{ int i1, i2;
  i1=f(8)/f(4);i2=f(4+4)/f(2+2);
  printf("%d, %d\n",i1,i2);
}
```

程序运行后的输出结果是( )。

    A. 64,28   B. 4,4   C. 4,3   D. 64,64

2. 程序填空题

(1) 根据以下函数关系,对输入的 x 值计算出相应的 y 值。

$$y = \begin{cases} x & x \leqslant 1 \\ 10x & 1 < x \leqslant 2 \\ x^2 + 20 & 2 < x \leqslant 10 \end{cases}$$

```
#include<stdio.h>
void main()
{ int x,y;
  scanf("%d",&x);
  if(____①____) y=x;
  else if(____②____) y=10*x;
      else if(____③____) y=x*x+20;
            else y=-1;
  if(y!=-1) printf("%d\n",y);
  else printf("error\n");
}
```

(2) 根据以下函数关系,对输入的 x 值计算出相应的 y 值。

$$y = \begin{cases} -10 & x < 0 \\ x & 0 \leqslant x < 10 \\ 5 & 10 \leqslant x < 20 \\ 5x + 20 & 20 \leqslant x < 50 \end{cases}$$

```
#include<stdio.h>
void main()
{ int x,c; float y;
  scanf("%d",&x);
  if(____①____) c=-1;
  else c=x/10;
  switch(c)
  { case -1: y=-10;break;
    case  0: y=x;break;
    case  1: y=5;break;
    case  2:case 3:case 4: y=5*x+20;break;
    default: y=-2;
  }
  if(____②____) printf("y=%f\n",y);
  else printf("error\n");
}
```

(3) 求 $1! + 2! + 3! + \cdots + 10!$。

```
#include<stdio.h>
void main()
{ float s=0,t=1;
  int n;
  for(n=1;____①____;n++)
```

```
    {     ②     ;
          ③     ;
    }
    printf("1!+2!+3!+...+10!=%.0f",s);
}
```

(4) 以下程序用于统计从键盘输入的一个正整数中各位数字中 0 的个数,并求各位数字中的最大数。例如,1080 中 0 的个数是 2,各位数字中的最大数是 8。

```
#include<stdio.h>
void main(void)
{ unsigned long num,max,t;
  int count;
  count=max=0;
  scanf("%ld", &num);
  do
  { t=     ①     ;
    if(t==0) ++count;
    else if(max<t)     ②     ;
    num/=10;
  }while(     ③     );
  printf("count=%d,max=%ld\n", count, max);
}
```

(5) 下列程序的功能是输出 100 以内能被 3 整除且个位数为 6 的所有整数。

```
#include<stdio.h>
void main()
{ int i,j;
  for(i=0;     ①     ;i++)
  { j=i*10+6;
    if(     ②     ) continue;
    printf("%4d",j);
  }
}
```

3. 程序分析题

(1) 写出下列程序的运行结果。

```
#include<stdio.h>
void main()
{ int a=5,b=4,c=3,d=2;
  if(a>b>c) printf("%d\n",d);
  else if((c-1>=d)==1) printf("%d\n",d+1);
      else printf("%d\n",d+2);
}
```

（2）写出下列程序的运行结果。

```c
#include<stdio.h>
void main()
{ int c=0,k;
  for(k=1;k<3;k++)
    switch(k)
    { default: c+=k;
      case 2: c++;break;
      case 4: c+=2;break;
    }
  printf("%d\n",c);
}
```

（3）写出下列程序的运行结果。

```c
#include<stdio.h>
void main()
{ int n=2,k=0;
  while(k++&&n++>2);
  printf("%d  %d\n",k,n);
}
```

（4）写出下列程序的运行结果。

```c
#include<stdio.h>
void main()
{ int x=15;
  do
  { x++;
    if(x/3){x++;break;}
    else continue;
  }while(x>10&&x<50);
  printf("%d\n",x);
}
```

（5）写出下列程序的运行结果。

```c
#include<stdio.h>
#define SUB(a) (a)-(a)
void main()
{ int a=2,b=3,c=5,d;
  d=SUB(a+b) * c;
  printf("%d\n",d);
}
```

4. 程序设计题

（1）输入整数 a 和 b，若 $a^2+b^2>100$，则输出 a^2+b^2 百位以上的数字，否则输出 a+b。

（2）编写程序，实现两个数的四则运算。要求：数与运算符从键盘输入。

（3）将从键盘输入的偶数写成两个素数之和。

（4）编写程序，给出将一张 100 元人民币换成 1 元、2 元、5 元的所有兑换方案。

3.4　实验题目

（1）求下列分段函数的值。要求：x 的值从键盘输入。

$$y = \begin{cases} 0 & x \leqslant 0 \\ \sqrt{x} & 0 < x \leqslant 10 \\ 2x+1 & x > 10 \end{cases}$$

（2）运输公司为用户计算运费。距离越远，每千米的运费越低，标准如下。

s＜250km	无折扣
250≤s＜500	2％折扣
500≤s＜1000	5％折扣
1000≤s＜2000	8％折扣
2000≤s＜3000	10％折扣
3000≤s	15％折扣

设每千米每吨货物的基本运费为 p，货物质量为 w，距离为 s，折扣为 d，则总运费的计算公式为 f＝p＊w＊s＊(1−d)，编写程序计算运费。

要求：① 使用 switch～case 语句，② p、w、s 的值从键盘输入。

（3）猴子吃桃问题。猴子第一天摘下若干桃子，当日吃了一半零一个，以后每天都吃剩下的一半零一个，到第十天再想吃时，只剩一个桃子。请问猴子第一天共摘了多少个桃子。

（4）编写程序验证下列结论：任何一个自然数 n 的立方都等于 n 个连续奇数之和。例如，$1^3 = 1, 2^3 = 3+5, 3^3 = 7+9+11$。

要求：程序对每个输入的自然数进行计算并输出相应的连续奇数，直到输入的自然数为 0 时停止。

（5）百鸡问题。100 元买 100 只鸡，一只公鸡 5 元，一只母鸡 3 元，3 只小鸡 1 元。求 100 元能买公鸡、母鸡、小鸡各多少只？

（6）求孪生素数问题。孪生素数是指相差为 2 的两个素数。例如，3 和 5，5 和 7，11 和 13 等。编写程序，输出从 3 开始的 15 对孪生素数。

（7）试分析以下宏替换后的形式，并计算输出结果。

要求：先计算运行结果，然后利用程序验证。

```
#include "stdio.h"
#define  CX(y)  2.5+y
#define  PR(a)  printf("%d",(int)(a))
#define  PR1(a) PR(a); putchar('\n')
void main()
```

```
{ int x=2;
  PR1(CX(5) * x);
}
```

（8）通过宏调用方式求 n 个数中的最大值。要求：数据从键盘输入。

3.5　思考题

（1）在 if 语句的嵌套情况下，else 和 if 是如何配对的？

（2）在什么情况下使用一条 switch～case 语句比使用多条 if 语句更好？

（3）C 语言中实现循环结构的方法有哪几种？各有什么特点？

（4）break 语句和 continue 语句在循环体内的功能是否相同？

（5）在带参数的宏定义命令中，参数的个数是否受限制？是否需要对参数进行类型说明？

3.6　习题解答

1. 单项选择题

（1）语句"while(!E);"中的表达式!E 等价于（　　）。

　　① E==0　　　　　② E!=1　　　　　③ E!=0　　　　　④ E==1

解答：因为只有!E 为真（非 0）才能进入循环，所以 E 必须为假（0），即 E==0。

答案：①

（2）与 for(;0;)等价的是（　　）。

　　① while(1)　　　　② while(0)　　　　③ break　　　　④ continue

解答：若 for 语句中的表达式 1 和表达式 3 同时省略，则与 while 语句等价。

答案：②

（3）对于 for(表达式 1;;表达式 3)，可以理解为（　　）。

　　① for(表达式 1;0;表达式 3)　　　　② for(表达式 1;1;表达式 3)

　　③ for(表达式 1;表达式 1;表达式 3)　　④ for(表达式 1;表达式 3;表达式 3)

解答：若 for 语句中的表达式 2 省略，则默认表达式 2 的值始终为真。

答案：②

（4）下列叙述中正确的是（　　）。

　　① continue 语句的作用是结束整个循环

　　② 只能在循环语句和 switch～case 语句中使用 break 语句

　　③ 在循环体中，break 语句和 continue 语句的作用相同

　　④ 从多层循环中退出时，只能使用 goto 语句

解答：break 语句只能用于循环语句和 switch～case 语句中，continue 语句只能用于循环语句中。用于循环语句时，break 语句将退出当前循环，continue 语句将结束本次循环。选项①和③错误，选项②正确。从多层循环中退出时，也可以使用 break 语句，选项

④错误。

答案：②

(5) 若有定义：int x＝5,y＝4;,则下列语句中错误的是(   )。

① while(x==y) 5;   ② do x++while(x==10);

③ while(0);   ④ do 2; while(x==y);

解答：在 while 语句和 do～while 语句中,while 后面的圆括号中的表达式类型可以是任意的,循环体可以是任意语句,所以选项①、③和④都是正确的,选项②之所以是错误的,是因为 x++后面缺少分号(;),未构成语句。

答案：②

(6) 若有定义：int x,y;,则循环语句"for(x＝0,y＝0;(y!=123)||(x<4);x++);"的循环次数为(   )。

① 无限次   ② 不确定次   ③ 4 次   ④ 3 次

解答：y 的初值为 0 且没有修改,y!=123 永远为真,(y!=123)||(x<4)也永远为真。因此该循环为死循环,循环次数为无限次。

答案：①

(7) 若有定义：int a＝1,b＝10;,则执行下列程序段后,b 的值为(   )。

```
do {b-=a;a++;}while(b--<0);
```

① 9   ② －2   ③ －1   ④ 8

解答：首先执行循环体,可得 b 的值为 9;然后判断循环条件,9<0 的结果为假,退出循环。循环条件判断完成后 b 的值为 8。

答案：④

(8) 下列叙述中不正确的是(   )。

① 宏名无类型,其参数也无类型

② 宏定义不是 C 语句,不必在行末加分号

③ 宏替换只是字符替换

④ 宏定义命令必须写在文件开头

解答：宏定义可以写在程序中的任何位置,但要独占一行,其作用域是从定义点开始到文件结束或遇到♯undef。

答案：④

(9) 有如下嵌套的 if 语句：

```
if(a<b)
  if(a<c) k=a;
  else   k=c;
else
  if(b<c) k=b;
  else   k=c;
```

以下选项中与上述 if 语句等价的是(   )。

① k=(a<b)?a:b; k=(b<c)?b:c;

② k=(a<b)?((b<c)? a:b):((b>c)?b:c);

③ k=(a<b)?((a<c)? a:c):((b<c)?b:c);

④ k=(a<b)?a:b; k=(a<c)? a:c;

解答:"if(a<c) k=a;else k=c;"等价于"k=(a<c)? a:c;","if(b<c) k=b;else k=c;"等价于"k=(b<c)?b:c;"。因此,题干中的 if 语句等价于"k=(a<b)?((a<c)? a:c):((b<c)?b:c);"。

答案:③

(10) 以下选项中与"if(a==1) a=b; else a++;"语句功能不同的 switch~case 语句是(　　)。

① switch(a)
　{ case 1:a=b;break;
　　default: a++;
　}

② switch(a==1)
　{ case 0:a=b;break;
　　case 1:a++;
　}

③ switch(a)
　{ default:a++;break;
　　case 1:a=b;
　}

④ switch(a==1)
　{ case 1:a=b;break;
　　case 0:a++;
　}

解答:选项②对应的 if 语句为"if(a==1) a++; else a=b;",与题干中的语句的功能相反。

答案:②

2. 程序填空题(在下列程序的_____处填上正确的内容,使程序完整)

(1) 下列程序的功能是把从键盘输入的整数取绝对值后输出。

```
#include<stdio.h>
void main()
{ int x;
  scanf("%d",&x);
  if(x<0)
    _____;
  printf("%d\n",x);
}
```

解答:因为程序中没有文件包含♯include "math.h",所以不能使用求绝对值函数 abs()。方法是:若非负,则原样输出,否则取其相反数。

答案:x=-x

(2) 下列程序的功能是判断 m 是否为素数,如果 m 是素数,则输出 1,否则输出 0。

```
#include "stdio.h"
void main()
{ int m,i,y=1;
```

```
    scanf("%d",&m);
    for(i=2;i<=m/2;i++)
        if(_____){ y=0;break; }
    printf("%d\n",y);
}
```

解答：本题的方法是：若 2～m/2 存在能整除 m 的整数 i，即 m%i==0(或!(m%i))的值为真，则说明 m 不是素数。

答案：m%i==0 或!(m%i)

（3）下列程序的功能是输出 1～100 能被 7 整除的所有整数。

```
#include<stdio.h>
void main()
{ int i;
    for(i=1;i<=100;i++)
    { if(i%7) _____;
        printf("%4d",i);
    }
}
```

解答：if(i%7)与 if(i%7!=0)等价。根据题意，若 i 不能被 7 整除，则结束本次循环，接着执行下次循环，能完成此操作的只有 continue 语句。

答案：continue

（4）输入若干字符数据，分别统计其中 A、B 和 C 的个数。

```
#include "stdio.h"
void main()
{ char c;
    int k1=0,k2=0,k3=0;
    while((c=getchar())!='\n')
    { _____
        { case 'A': k1++;break;
            case 'B': k2++;break;
            case 'C': k3++;break;
        }
    }
    printf("A=%d,B=%d,C=%d\n",k1,k2,k3);
}
```

解答：由程序中的"case"可知，该程序的循环体一定是 switch～case 语句，并根据输入的字符进行判断。

答案：switch(c)

（5）下列程序的功能是从键盘输入若干学生的成绩，统计并输出最高成绩和最低成绩，当输入负数时结束输入。

```
#include<stdio.h>
void main()
{ float x,max,min;
  scanf("%f",&x);
  max=x;
  min=x;
  while(_____ )
  { if(x>max) max=x;
    if(x<min) min=x;
    scanf("%f",&x);
  }
  printf("max=%f  min=%f\n",max,min);
}
```

解答：while 后面的表达式是循环条件,程序中的循环条件是 x 的值非负,即 x≥=0。

答案：x≥=0

3. 程序改错题（下列每段程序中各有一个错误,请找出并改正）

（1）下列程序的功能是计算长为 a+b、宽为 c+d 的长方形的面积。

```
#include "stdio.h"
#define AREA(x,y) x * y
void main()
{ int a=4,b=3,c=2,d=1,m;
  m=AREA(a+b,c+d);
  printf("%d\n",m);
}
```

解答：AREA(a+b,c+d)宏展开后为 a+b * c+d,计算的结果不是长为 a+b、宽为 c+d 的长方形的面积。

答案：

错误行：#define AREA(x,y) x * y

改正为：#define AREA(x,y) (x) * (y)

（2）求 100 以内能被 13 整除的最大数。

```
#include "stdio.h"
void main()
{ int i;
  for(i=100;i>=0;i--);
    if(i%13==0) break;
  printf("%d\n",i);
}
```

解答：在 for 后面的圆括号后加了一个分号(;),这时空语句成了循环体,真正的循环体在循环结束后只被执行了一次。

答案：

错误行：for(i＝100;i＞＝0;i－－);

改正为：for(i＝100;i＞＝0;i－－)

(3) 求 $1+2+3+\cdots+100$。

```c
#include "stdio.h"
void main()
{ int i=1,sum=0;
  do
  { sum+=i; i++;
  }while(i>100);
  printf("%d",sum);
}
```

解答：C 语言中，for 语句、while 语句和 do～while 语句都是在条件为真时继续进行循环。因此，程序中的循环条件应为 $i \leqslant 100$。

答案：

错误行：}while(i＞100);

改正为：}while(i＜＝100);

(4) 求 $1+\dfrac{1}{2}+\dfrac{1}{3}+\cdots+\dfrac{1}{10}$。

```c
#include "stdio.h"
void main()
{ double t=1.0;
  int i;
  for(i=2;i<=10;i++)
    t+=1/i;
  printf("t=%f\n",t);
}
```

解答：C 语言中，在使用除法运算符"/"时，若被除数和除数都为整型，则其商为整型，将小数部分舍弃。

答案：

错误行：t＋＝1/i;

改正为：t＋＝1.0/i;(或 t＋＝1/(double)i;)

(5) 把从键盘输入的小写字母转换成大写字母并输出。

```c
#include "stdio.h"
void main()
{ char c, * ch=&c;
  while((c=getchar())!='\n')
  {if( * ch>='a'&& * ch<='z')
     putchar( * ch+'a'-'A');
```

```
    else
      putchar( * ch);
  }
}
```

解答：'a'－'A'＝32。＊ch 是小写字母,应该减去 32。

答案：

错误行：putchar(* ch＋'a'－'A');

改正为：putchar(* ch－'a'＋'A');

4. 程序分析题

(1) 写出下列程序的运行结果。

```
#include "stdio.h"
void main()
{ int a=10,b=4,c=3;
  if(a<b) a=b;
  if(a<c) a=c;
  printf("%d,%d,%d\n",a,b,c);
}
```

解答：a＜b 和 a＜c 都为假,变量 a 的值没有改变,a、b 和 c 的值都是初始值。

答案：10,4,3

(2) 写出下列程序的运行结果。

```
#include "stdio.h"
void main()
{ int i,sum;
  for(i=1,sum=10;i<=3;i++) sum+=i;
  printf("%d\n",sum);
}
```

解答：该程序的功能是将 1、2、3 累加到变量 sum 中,sum＝10＋1＋2＋3＝16。

答案：16

(3) 写出下列程序的运行结果。

```
#include "stdio.h"
void main()
{ int x=23;
  do
  { printf("%d",x--);
  }while(!x);
}
```

解答：x 的初值为 23,将 x 的值输出后,x 的值减 1 变为 22。由于表达式!x 的值为假,因此退出循环,循环体只被执行了一次。

答案：23

（4）写出下列程序的运行结果。

```
#include "stdio.h"
void main()
{ int a,b;
  for(a=1,b=1;a<100;a++)
  { if(b>20) break;
    if(b%3==1) { b+=3;continue; }
    b-=5;
  }
  printf("%d\n",b);
}
```

解答：该程序的功能是输出大于 20 且与 3 的余数为 1 的最小整数。语句"b－＝5；"永远不会执行。

答案：22

（5）写出下列程序的运行结果。

```
#include "stdio.h"
#define  N  2
#define  M  N+1
#define  NUM  2 * M+1
void main()
{ int i;
  for(i=1;i<=NUM;i++);
  i--;
  printf("%d\n",i);
}
```

解答：i 的值是 NUM,宏替换后,NUM 为 2 * 2＋1＋1。

答案：6

（6）写出下列程序的运行结果。

```
#include "stdio.h"
void main()
{ float x=2,y;
  if(x<0) y=0;
  else if(x<10) y=1.0/10;
      else y=1;
  printf("%.1f\n",y);
}
```

解答：该程序的功能是计算以下分段函数的值。

$$y = \begin{cases} 0 & x < 0 \\ \dfrac{1}{10} & 0 \leqslant x < 10 \\ 1 & x \geqslant 10 \end{cases}$$

答案：0.1

（7）写出下列程序的运行结果。

```c
#include "stdio.h"
void main()
{ int x=1,a=0,b=0;
  switch(x)
  { case 0: b++;
    case 1: a++;
    case 2: a++;b++;
  }
  printf("a=%d,b=%d\n",a,b);
}
```

解答： x 的值为 1，执行"case 1："后面的语句"a++；"，然后执行"case 2："后面的语句"a++；b++；"。a 的值为 2，b 的值为 1。

答案： a＝2，b＝1

（8）写出下列程序的运行结果。

```c
#include "stdio.h"
void main()
{ int a=2,b=-1,c=2;
  if(a<b)
    if(b<0) c=0;
    else c++;
  printf("%d\n",c);
}
```

解答： a＜b 的值为假，其后面的 if～else 语句没有执行，c 的值没有改变。

答案： 2

（9）写出下列程序的运行结果。

```c
#include "stdio.h"
#define MAX(x,y) (x)>(y)?(x):(y)
void main()
{ int a=5,b=2,c=3,d=3,t;
  t=MAX(a+b,c+d) * 10;
  printf("%d\n",t);
}
```

解答： 宏替换后，t＝(a＋b)＞(c＋d)?(a＋b):(c＋d) * 10。因为(a＋b)＞(c＋d)为

真,所以 t 的值为(a+b)的值。

答案:7

(10) 写出下列程序的运行结果。

```
#include<stdio.h>
void main()
{ int a=5;
  #define a 2
  #define Y(i) a*(i)
  int b=6;
  printf("%d,",Y(b+1));
  #undef a
  printf("%d",Y(b+1));
}
```

解答:宏展开后,第一个输出语句为"printf("%d,",2*(b+1));",使用的是宏 a,输出结果为 14;第二个输出语句为"printf("%d",5*(b+1));",使用的是变量 a,输出结果为 35。

答案:14,35

5. 程序设计题

(1) 输入 10 个整数,统计并输出正数、负数和 0 的个数。

解答:在循环体中输入数据,并使用 if 语句对数的范围进行判断和统计。

```
#include "stdio.h"
void main()
{ int x,zs=0,fs=0,zr=0,i;
  printf("input 10 integers:");
  for(i=1;i<=10;i++)
  { scanf("%d",&x);
    if(x>0) zs++;
    else if(x==0) zr++;
        else fs++;
  }
  printf("zs=%d  fs=%d  zr=%d\n",zs,fs,zr);
}
```

(2) 求 100 以内的自然数中能被 32 整除的最大数。

解答:从 100 开始向下查找能被 32 整除的自然数,找到后退出循环并输出。

```
#include "stdio.h"
void main()
{ int i;
  for(i=100;i>=32;i--)
    if(i%32==0) break;
```

```
      printf("%d\n",i);
   }
```

（3）计算 100～999 个位数为 3 的自然数的个数。

解答：第一种方法是对于 100～999 的每个数，判断其个位数是否为 3，若是，则计数器加 1。第二种方法是从 103 开始每次增加 10（保证个位数是 3）并计数。

方法一：

```
#include "stdio.h"
void main()
{ int n=0,i;
   for(i=100;i<=999;i++)
     if(i%10==3) n++;
   printf("%d\n",n);
}
```

方法二：

```
#include "stdio.h"
void main()
{ int n=0,i;
   for(i=103;i<=993;i+=10)
     n++;
   printf("%d\n",n);
}
```

（4）输入两个正整数，输出它们的最大公约数和最小公倍数。

解答：第一种方法是根据最大公约数的定义，取出两个正整数 a 和 b 的最小值给 maxgy，如果 maxgy 能同时整除 a 和 b，则 maxgy 就是最大公约数，若 maxgy 不能同时整除 a 和 b，则 maxgy 减 1，若 maxgy 还不能同时整除 a 和 b，则 maxgy 再减 1，直到 maxgy 能同时整除 a 和 b 为止，此时，maxgy 就是所求的最大公约数；根据最小公倍数的定义，取出两个正整数 a 和 b 的最大值给 mingb，如果 a 和 b 能同时整除 mingb，则 mingb 就是最小公倍数，若 a 和 b 不能同时整除 mingb，则 mingb 加 1，若 a 和 b 还不能同时整除 mingb，则 mingb 再加 1，直到 a 和 b 能同时整除 mingb 为止，此时，mingb 就是所求的最小公倍数。第二种方法是先用辗转相除法求出两个整数 a 和 b 的最大公约数 maxgy，再利用公式 mingb＝a * b/maxgy 计算 a 和 b 的最小公倍数 mingb。

方法一：

```
#include "stdio.h"
void main()
{ int a,b,maxgy,mingb;
   printf("input two integers:");
   scanf("%d%d",&a,&b);
   maxgy=a<b?a:b;
   while(a%maxgy!=0||b%maxgy!=0) maxgy--;
```

```
  mingb=a>b?a:b;
  while(mingb%a!=0||mingb%b!=0) mingb++;
  printf("maxgy=%d mingb=%d\n",maxgy,mingb);
}
```

方法二：

```
#include "stdio.h"
void main()
{ int a,b,aa,bb,t;
  printf("input two integers:");
  scanf("%d%d",&a,&b);
  aa=a; bb=b;                /* 为了计算最小公倍数,保留 a 和 b 的原值 */
  while(b)                   /* 辗转相除,当 b 为 0 时,a 就是最大公约数 */
  { t=a;
    a=b;
    b=t%b;
  }
  printf("maxgy=%d mingb=%d\n",a,aa*bb/a);
}
```

（5）用 if～else 结构编写程序,求一元二次方程 $ax^2+bx+c=0$ 的根。

解答：若 $b^2-4ac \geqslant 0$,则两个实根分别为

$$x_1 = \frac{-b+\sqrt{b^2-4ac}}{2a}, \quad x_2 = \frac{-b-\sqrt{b^2-4ac}}{2a}$$

若 $b^2-4ac<0$,则两个复根分别为

$$x_1 = \frac{-b+i\sqrt{-(b^2-4ac)}}{2a}, \quad x_2 = \frac{-b-i\sqrt{-(b^2-4ac)}}{2a}$$

```
#include "stdio.h"
#include "math.h"
void main()
{ float a,b,c,disk,x1,x2;
  scanf("%f%f%f",&a,&b,&c);
  disk=b*b-4*a*c;
  if(disk>=0)
  { x1=(-b+sqrt(disk))/(2*a);
    x2=(-b-sqrt(disk))/(2*a);
    printf("x1=%f\n x2=%f\n",x1,x2);
  }
  else
  { printf("x1=%f+%f*i\n",-b/(2*a),sqrt(-disk)/(2*a));
    printf("x2=%f-%f*i\n",-b/(2*a),sqrt(-disk)/(2*a));
  }
}
```

（6）用 switch～case 结构编写程序,输入月份 1～12 后,输出相应月份的英文名称。

解答:

```
#include "stdio.h"
void main()
{ int month;
  char ch;
  while(1)
  { printf("\ninput month (1-12):");
    scanf("%d",&month);
    switch(month)
    { case 1:printf("January\n");break;
      case 2:printf("February\n");break;
      case 3:printf("March\n");break;
      case 4:printf("April\n");break;
      case 5:printf("May\n");break;
      case 6:printf("June\n");break;
      case 7:printf("July\n");break;
      case 8:printf("August\n");break;
      case 9:printf("September\n");break;
      case 10:printf("October\n");break;
      case 11:printf("November\n");break;
      case 12:printf("December\n");break;
      default:printf("input error\n");
    }
    getchar();              /* 从缓冲区读出输入月份时的回车符 */
    printf("\ncontinue?(Y/N):");
    ch=getche();
    if(ch!='y'&&ch!='Y') break;
  }
}
```

（7）求 $S_n = a + aa + aaa + \cdots + aa\cdots a$（最后一项为 n 个 a）的值,其中 a 是一个数字。

例如,2+22+222+2222+22222（此时 n=5）,n 和 a 的值从键盘上输入。

解答:利用 result 存放结果,利用 s 存放每项的值,result 和 s 的初值为 0。利用公式 s=s * 10+a 依次得到表达式中的每一项,同时累加到 result 中。

```
#include "stdio.h"
void main()
{ int a,n,i;
  double s=0,result=0;
  printf("input a(1-9):");
  scanf("%d",&a);
```

```
    printf("input n:");
    scanf("%d",&n);
    for(i=1;i<=n;i++)
    { s=s*10+a;result+=s;
      printf("%.0lf+",s);
    }
    printf("\b=%.0lf\n",result);
}
```

(8) 打印出所有"水仙花数"。水仙花数是指一个三位数,其各位数的立方和等于该数本身。例如,$153=1^3+5^3+3^3$,153 是一个水仙花数。

解答:由题意可知,水仙花数是一个三位数,其值为 $100\sim999$。一种方法是利用单重循环取出每个数的个位、十位和百位,然后进行判断。另一种方法是利用三重循环,根据各位的取值,判断由 3 个循环变量组成的 3 位数是否满足条件。

方法一:

```
#include<stdio.h>
void main()
{ int i,bw,sw,gw;
  for(i=100;i<=999;i++)
  { gw=i%10;              /* 取个位 */
    sw=i%100/10;          /* 取十位 */
    bw=i/100;             /* 取百位 */
    if(bw*bw*bw+sw*sw*sw+gw*gw*gw==i) printf("%d\n",i);
  }
}
```

方法二:

```
#include "stdio.h"
void main()
{ int i,j,k,s;
  for(i=1;i<=9;i++)            /* 百位 */
    for(j=0;j<=9;j++)          /* 十位 */
      for(k=0;k<=9;k++)        /* 个位 */
      { s=i*100+j*10+k;
        if(i*i*i+j*j*j+k*k*k==s)
          printf("%d\n",s);
      }
}
```

(9) 计算 $\sum\limits_{k=1}^{100}\dfrac{1}{k}+\sum\limits_{k=1}^{50}\dfrac{1}{k^2}$。

解答:使用 sum 存放结果,其初值为 0。第一种方法使用一个单重循环,循环变量 k 为 $1\sim100$,在循环体中先将 $1/k$ 累加到 sum,再对 k 值进行判断,若 $k\leqslant50$,则将 $1/k^2$ 再累加到 sum。第二种方法使用两个单重循环，一个循环的循环变量 k 为 1～100，将 1/k 累加到 sum，另一个循环的循环变量 k 为 1～50，将 1/k² 累加到 sum。

方法一：

```
#include "stdio.h"
void main()
{ float sum=0; int k;
  for(k=1;k<=100;k++)
  { sum+=1.0/k;
    if(k<=50)
      sum+=1.0/(k*k);
  }
  printf("sum=%f\n",sum);
}
```

方法二：

```
#include "stdio.h"
void main()
{ float sum=0; int k;
  for(k=1;k<=100;k++)
    sum+=1.0/k;
  for(k=1;k<=50;k++)
    sum+=1.0/(k*k);
  printf("sum=%f\n",sum);
}
```

(10) 编写程序，按下列公式计算 e 的近似值$\left(精确度要求为 \frac{1}{n!}<10^{-6}\right)$。

$$e=1+\frac{1}{1!}+\frac{1}{2!}+\frac{1}{3!}+\cdots+\frac{1}{n!}$$

解答：用 e 存放结果，其初值为 1。使用单重循环，循环变量 i 的初值为 1，循环条件是待加项满足精度要求。在循环体中根据上下项的关系 $t=t/i$（t 的初值为 1）计算 $1/i!$，同时将 t 累加到 e 中。

```
#include "stdio.h"
void main()
{ float t=1,e=1; int i;
  i=1;
  while(t>=1e-6)
  {t/=i; e+=t; i++; }
  printf("e=%f\n",e);
}
```

(11) 编写程序，按下列公式计算 y 的值$\left(精确度要求为 \frac{1}{r^2+1}<10^{-6}\right)$。

$$y = \sum_{r=1}^{n} \frac{1}{r^2 + 1}$$

解答：

```
#include "stdio.h"
void main()
{ float r,y=0;
  r=1;
  while(1.0/(r * r+1)>=1e-6)
  { y+=1.0/(r * r+1); r++; }
  printf("y=%f\n",y);
}
```

(12) 有一筐苹果，两个一取余 1，三个一取余 2，四个一取余 3，五个一取刚好不剩，请问筐中至少有多少个苹果？

解答： 设苹果的个数为 total，由题意可知，total 一定是 5 的倍数。给 total 赋初值 5，若 total 不能同时满足其他 3 个条件，则 total 的值加 5，若 total 还不能同时满足其他 3 个条件，则 total 的值再加 5，直到 total 的值能同时满足其他 3 个条件为止。此时，total 的值即为所求。

```
#include "stdio.h"
void main()
{ int total=5;
  while(total%2!=1||total%3!=2||total%4!=3)
    total+=5;
  printf("total=%d\n",total);
}
```

3.7 自测试题参考答案

1. 单项选择题

(1) A　　　(2) C　　　(3) D　　　(4) A　　　(5) D　　　(6) A　　　(7) B
(8) D　　　(9) C　　　(10) C

2. 程序填空题

(1) ① x<=1　　　　　　　② x<=2　　　　　　　③ x<=10

(2) ①x<0　　　　　　　　② y!=-2

(3) ① n<=10 或 n<11　　　② t * =n 或 t=t * n　　　③ s+=t 或 s=s+t

(4) ① num%10　　　　　　② max=t　　　　　　　③ num 或 num!=0

(5) ① i<10 或 i<=9　　　　② j%3 或 j%3!=0

3. 程序分析题

(1) 3　　　　(2) 3　　　　(3) 1　2　　　　(4) 17　　　　(5) -20

4. 程序设计题

（1）

```
#include<stdio.h>
void main()
{ int a,b;
  scanf("%d%d",&a,&b);
  if(a*a+b*b>100)printf("%d\n",(a*a+b*b)/100);
  else printf("%d\n",a+b);
}
```

（2）

```
#include<stdio.h>
void main()
{ float a,b,result;
  char op,ch;
  while(1)
  { printf("\ntype in your expression:");
    scanf("%f%c%f",&a,&op,&b);
    switch(op)
    { case '+':result=a+b; break;
      case '-':result=a-b; break;
      case '*':result=a*b; break;
      case '/':if(b==0) { printf("\ndivision by zero!");goto L1;}
               else result=a/b; break;
      default: printf("\nexpression error!"); goto L1;
    }
    printf("%6.2f%c6.2f=%6.2f\n",a,op,b,result);
    getchar();
    L1:
    printf("continue(Y/N):");
    ch=getch();
    if(ch!='y'&&ch!='Y') break;
  }
}
```

（3）

```
#include<stdio.h>
#include "math.h"
void main()
{ int a,b,c,d;
  scanf("%d",&a);
  for(b=3;b<=a/2;b+=2)
  { for(c=2;c<=sqrt(b);c++)
```

```
      if(b%c==0) break;
    if(c>sqrt(b)) d=a-b;else continue;
    for(c=2;c<=sqrt(d);c++)
      if(d%c==0) break;
    if(c>sqrt(d)) printf("%d=%d+%d\n",a,b,d);
  }
 }
```

(4)

```
#include<stdio.h>
void main()
{ int i,j,k,l=0;
  for(i=0;i<=20;i++)
    for(j=0;j<=50;j++)
    { k=100-i*5-j*2;
      if(k>=0)
      { printf("%4d%4d%4d   ",i,j,k);/* i 是 5 元数,j 是 2 元数,k 是 1 元数 */
        l++;
        if(l%5==0) printf("\n");
      }
    }
}
```

3.8　实验题目参考答案

(1)

```
#include "stdio.h"
#include "math.h"
void main()
{ float x,y;
  printf("x=");
  scanf("%f",&x);
  if(x<=0) y=0;
  else if(x<=10) y=sqrt(x);
      else y=2*x+1;
  printf("y=%.2f\n",y);
}
```

(2)
方法一:

```
#include<stdio.h>
void main()
```

```
{ int c,s;
  float p,w,d,f;
  printf("Input p w s:");
  scanf("%f%f%d",&p,&w,&s);
  if(s>=3000 ) c=12;
  else c=s/250;
  switch (c)
  { case 0:d=0;break;
    case 1:d=2;break;
    case 2:case 3:d=5; break;
    case 4:case 5:case 6:case 7:d=8;break;
    case 8:case 9:case 10:case 11:d=10;break;
    case 12:d=15; break;
  }
  f=p*w*s*(1-d/100);
  printf("freight=%.4f\n", f);
}
```

方法二：

```
#include<stdio.h>
void main()
{ int c,s;
  float p,w,d,f;
  printf("Input p w s:");
  scanf("%f%f%d",&p,&w,&s);
  if(s>=3000 ) c=12;
  else c=s/250;
  switch (c)
  { case 0:d=0;break;
    case 1:d=2;break;
    case 12:d=15; break;
    default: switch(s/500)
            { case 1:d=5; break;
              case 2:case 3:d=8; break;
              case 4:case 5:d=10;break;
            }
  }
  f=p*w*s*(1-d/100);
  printf("freight=%.4f\n", f);
}
```

（3）

```
#include<stdio.h>
void main()
```

```c
{ int next=1;                    /* 当天未吃之前的桃子的个数，初值是第 10 天的个数 */
  int prev ;                     /* 前一天没吃之前的桃子的个数 */
  int i;                         /* 循环变量 */
  for(i=9;i>=1;i--)
  { prev=(next+1)*2;             /* 根据当天的桃子的个数计算前一天的桃子的个数 */
    next=prev;                   /* 保存前一天的桃子的个数 */
  }
  printf("total=%d\n", prev);
}
```

(4)

```c
#include<stdio.h>
void main()
{ int n,m,i;
  printf("please input n(n=0:End):");
  scanf("%d",&n);
  while(n)
  { m=n*(n-1)+1;                 /* n 的立方等于从 n*(n-1)+1 开始的 n 个连续奇数之和 */
    printf("%d^3=",n);
    for(i=1;i<=n;i++)
    { printf("%d+",m);
      m=m+2;
    }
    printf("\b \n");             /* 删除最后一个"+" */
    printf("please input n(n=0:End):");
    scanf("%d",&n);              /* 接收下一个自然数 */
  }
}
```

(5)

方法一：

```c
#include<stdio.h>
void main()
{ int cocks,hens,chicks;
  cocks=0;
  while(cocks<=20)                 /* 公鸡数 */
  { hens=0;
    while(hens<=33)                /* 母鸡数 */
    { chicks=100-cocks-hens;       /* 小鸡数 */
      if(chicks%3==0&&5*cocks+3*hens+chicks/3==100)
        printf("cocks %d,hens %d,chick %d\n",cocks,hens,chicks);
      hens++;
    }
    cocks++;
```

```
    }
}
```

方法二：

```
#include<stdio.h>
void main()
{ int cocks,hens,chicks;
  for(cocks=0;cocks<=20;cocks++)              /* 公鸡数 */
    for(hens=0;hens<=33;hens++)               /* 母鸡数 */
      for(chicks=0;chicks<=100;chicks+=3)     /* 小鸡数 */
        if(cocks+hens+chicks==100&&5*cocks+3*hens+chicks/3==100)
          printf("cocks=%d,hens=%d,chick=%d\n",cocks,hens,chicks);
}
```

（6）

```
#include "stdio.h"
#include "math.h"
void main()
{ int k=3,n=0,i;
  do
  { for(i=2;i<=sqrt(k);i++)                   /* 判断 k 是否为素数 */
      if(k%i==0) break;
    if(i>sqrt(k))                             /* k 是素数 */
    { for(i=2;i<=sqrt(k+2);i++)               /* 判断 k+2 是否为素数 */
        if((k+2)%i==0) break;
      if(i>sqrt(k+2))                         /* k+2 是素数 */
      {n++; printf("%d,%d\n",k,k+2);}         /* 输出 */
    }
    k+=2;
  }while(n<15);
}
```

（7）宏替换后的形式如下。

```
#include "stdio.h"
void main()
{ int x=2;
  printf("%d",(int)(2.5+5*x)); putchar('\n');
}
```

运行结果为 12。

（8）

```
#include "stdio.h"
#define Max(a,b)  (a)>(b)?(a):(b)
```

```
void main()
{ int n,i,m,a;
  printf("input n:");
  scanf("%d",&n);
  printf("input %d number:",n);
  scanf("%d",&a);
  m=a;
  for(i=1;i<n;i++)
  { scanf("%d",&a);
    m=Max(m,a);
  }
  printf("max=%d\n",m);
}
```

3.9　思考题参考答案

(1) **答**:else 总是与它上面最近且没有与其他 else 配对的 if 配对。

(2) **答**:如果有两条以上基于同一个整型变量的条件表达式,则最好使用一条 switch~case 语句。因为 switch~case 语句只能对等式进行测试,而 if 语句可以计算关系表达式和逻辑表达式等。

(3) **答**:C 语言中,用于实现循环控制的语句有 for、while 和 do~while。另外,if 语句和 goto 语句也可以实现循环结构。四种循环的比较如下。

① 四种循环都可以用来处理同一问题,一般情况下它们可以互相代替,但通常不提倡使用 goto 型循环。

② 在 while 语句和 do~while 语句中,只能在 while 后面的括号内指定循环条件,因此,为了使循环能正常结束,应在循环体中包含使循环趋于结束的语句。for 语句可以在表达式中包含使循环趋于结束的操作,甚至可以将循环体中的操作全部放到表达式 3 中。因此 for 语句的功能更强,凡使用 while 语句和 do~while 语句能完成的,使用 for 语句也能实现。

③ 使用 while 循环和 do~while 循环时,循环变量初始化的操作应在 while 语句和 do~while 语句之前完成。而 for 语句可以在表达式 1 中实现循环变量的初始化。

④ while 循环、do~while 循环和 for 循环都可以使用 break 语句跳出循环,使用 continue 语句结束本次循环。而对使用 goto 语句和 if 语句构成的循环,则不能使用 break 语句和 continue 语句进行控制。

在实际应用中,通常需要根据具体情况选用不同的循环语句,选用的一般原则如下。

① 如果循环次数在执行循环体之前就已确定,一般采用 for 语句;如果循环次数是由循环体的执行情况确定的,则采用 while 语句或 do~while 语句。

② 当循环体至少执行一次时,采用 do~while 语句;反之,如果循环体可能一次也不执行,则采用 while 语句或 for 语句。

（4）**答**：break 语句和 continue 语句在循环体中的功能是不同的。break 语句是终止循环，即提前结束循环，然后执行循环体下面的语句。而 continue 语句是终止本次循环，即跳过循环体中的 continue 语句下面的语句，转向下一次是否执行循环的条件判断。

（5）**答**：当编译系统处理带参数的宏时，使用宏体中的字符序列从左向右替换，如果不是形参，则保留；如果是形参，则用程序语句中相应的实参替换，最终得到替换后的内容，在这期间没有任何计算，这个过程称为宏展开，也称宏替换。宏替换只是简单的字符替换，宏名没有类型，其参数也没有类型。由此可知，带参数宏定义命令中的参数个数不受限制，参数类型也不必说明。

第 4 章 数 组

CHAPTER

4.1 内容概述

本章主要介绍一维和二维数值数组的定义、初始化、数组元素引用及其应用,一维和二维字符数组的定义、初始化、数组元素引用及其应用,利用字符数组实现字符串和常用字符串处理函数,指针数组和二级指针的定义、初始化及其应用。本章的知识结构如图 4.1 所示。

图 4.1 第 4 章知识结构

考核要求:掌握一维数组、二维数组及指针数组的定义和初始化;掌握数组元素存储地址计算;掌握数组元素的下标法和指针法引用;掌握有关字符串处理函数的使用方法;掌握字符数组与字符串的区别与联系;能利用一维数组、二维数组解决向量、矩阵等实际应用问题。

重点难点:本章的重点是一维数组和二维数组的定义、初始化、数组元素引用,常用字符串处理函数的使用。本章的难点是数组元素的指针法引用。

核心考点：一维数组和二维数组的定义、初始化、数组元素引用及实际应用,字符串处理方法。

4.2 典型题解析

【例4.1】 以下对一维数组 a 的定义中正确的是( )。

    A. char a(10);   B. int a[0..100];

    C. int a[5];   D. int k=10;int a[k];

解析：C 语言中,一维数组定义的一般形式为

类型标识符　　数组名[常量表达式]

其中,常量表达式可以是任意类型,一般为算术表达式,其值表示数组元素的个数,即数组长度。

答案：C

【例 4.2】 以下对一维数组的定义中不正确的是( )。

    A. double x[5]={2.0,4.0,6.0,8.0,10.0};

    B. int y[5]={0,1,3,5,7,9};

    C. char ch1[ ]={ '1', '2', '3', '4', '5'};

    D. char ch2[ ]={ '\x10', '\xa', '\x8'};

解析：可以对一维数组的全部元素或部分元素赋初值。在对全部数组元素初始化时,数组长度可以省略。若数组长度没有省略,则初始化列表中值的个数不能超过数组的长度。

答案：B

【例 4.3】 以下对二维数组的定义中正确的是( )。

    A. int a[4][]={1,2,3,4,5,6};   B. int a[][3];

    C. int a[][3]={1,2,3,4,5,6};   D. int a[][]={{1,2,3},{4,5,6}};

解析：若按一维格式初始化二维数组,则第一维的长度可以省略,此时,系统根据初始化列表中值的个数及第二维的长度计算出省略的第一维的长度。但无论如何,第二维的长度不能省略。没有初始化时,第一维和第二维的长度都不能省略。

答案：C

【例 4.4】 一个 short int 型变量占用 2 字节,若有定义：short int x[10];,则数组 x 在内存中所占的字节数是( )。

    A. 3   B. 6   C. 10   D. 20

解析：一维数组在内存中所占的字节数为数组长度×sizeof(元素类型)。

答案：D

【例 4.5】 以下程序的输出结果是( )。

```
#include "stdio.h"
void main()
```

```
{ int a[4][4]={{1,3,5},{2,4,6},{3,5,7}};
  printf("%d%d%d%d\n",a[0][3],a[1][2],a[2][1],a[3][0]);
}
```

　　A. 0650　　　　　　　B. 1470　　　　　　　C. 5430　　　　　　D. 无法确定

解析：定义的数组 a 为 4 行 4 列，且前 3 行 3 列的元素已初始化。根据 C 语言的规定，初始化时未被赋值的数组元素的值为 0。

答案：A

【例 4.6】 以下程序的输出结果是(　　　　)。

```
#include "stdio.h"
void main()
{ int m[][3]={1,4,7,2,5,8,3,6,9};int i,j,k=2;
  for(i=0;i<3;i++){ printf("%d ",m[k][i]); }
}
```

　　A. 4 5 6　　　　　　B. 2 5 8　　　　　　C. 3 6 9　　　　　　D. 7 8 9

解析：根据初始化列表中值的个数和第二维的长度，可求得第一维的长度为 3。第 1 行(行下标为 0)的元素的值依次为 1、4、7；第 2 行(行下标为 1)元素的值依次为 2、5、8；第 3 行(行下标为 2)元素的值依次为 3、6、9。该程序的功能是依次输出第 3 行的值。

答案：C

【例 4.7】 以下程序的输出结果是(　　　　)。

```
#include "stdio.h"
void main()
{ int b[3][3]={0,1,2,0,1,2,0,1,2},i,j,t=0;
  for(i=0;i<3;i++)
    for(j=i;j<=i;j++)
      t=t+b[i][b[j][j]];
  printf("%d\n",t);
}
```

　　A. 3　　　　　　　　B. 4　　　　　　　　C. 1　　　　　　　　D. 9

解析：外循环共执行 3 次，对于每次外循环，内循环只执行一次(即 $j=i$)。由此可知，$t=0+b[0][b[0][0]]+b[1][b[1][1]]+b[2][b[2][2]]=b[0][0]+b[1][1]+b[2][2]=0+1+2=3$。

答案：A

【例 4.8】 若有定义：int a[2][4];，则引用数组元素正确的是(　　　　)。

　　A. a[0][3]　　　　　B. a[0][4]　　　　　C. a[2][2]　　　　　D. a[2][2+1]

解析：C 语言中，数组元素下标从 0 开始，二维数组元素的行下标范围为 0～行数－1，列下标范围为 0～列数－1。

答案：A

【例 4.9】 若有定义：int aa[8];，则不能代表数组元素 aa[1]地址的是(　　　　)。

82　　C语言程序设计(第4版)学习与实验指导

A. &aa[0]+1　　B. &aa[1]　　C. &aa[0]++　　D. aa+1

解析：&aa[0]+1、&aa[1]和 aa+1 都是数组元素 aa[1]的地址。&aa[0]++等价于 &(aa[0]++)，它是数组元素 aa[0]的地址。

答案：C

【例 4.10】 下列程序的输出结果是(　　　)。

```
#include "stdio.h"
void main()
{ int a[3][3], *p,i;
  p=&a[0][0];
  for(i=0;i<9;i++) p[i]=i+1;
  printf("%d \n",a[1][2]);
}
```

A. 3　　　B. 6　　　C. 9　　　D. 随机数

解析：二维数组的物理存储结构为一维，即按行序顺序存储在连续的存储空间中。

本题中，p 为指向数组元素的指针变量，初始时，p 指向 a[0][0]。通过指针 p 对二维数组元素按行依次赋值，其中，a[i][j]= *(&a[0][0]+i*3+j)= *(p+i*3+j)= p[i*3+j]。由此可知，a[1][2]=p[5]=6。

答案：B

【例 4.11】 下列程序的输出结果是(　　　)。

```
#include "stdio.h"
void main()
{ char a[10]={9,8,7,6,5,4,3,2,1,0}, *p=a+5;
  printf("%d", *--p);
}
```

A. 运行出错　　B. a[4]的地址　　C. 5　　D. 3

解析：因为单目运算符的结合方向为右结合，所以 *--p 等价于 *(--p)。初始时，p 指向 a[5]，执行--p 后，p 指向 a[4]，输出 a[4]的值。

答案：C

【例 4.12】 若有如下定义，则 b 的值是(　　　)。

```
int a[10]={1,2,3,4,5,6,7,8,9,10}, *p=&a[3],b=p[5];
```

A. 5　　　B. 6　　　C. 8　　　D. 9

解析：b=p[5]= *(p+5)= *(&a[3]+5)= *(a+3+5)=a[8]=9。

答案：D

【例 4.13】 若二维数组 y 有 m 列，则排在 y[i][j]前的元素个数为(　　　)。

A. j*m+i　　B. i*m+j　　C. i*m+j-1　　D. i*m+j+1

解析：在 C 语言中，二维数组按行存储。行标为 i 的元素前共有 i 行元素，元素个数为 i×m。在行标为 i 的行中，列标为 j 的元素前共有 j 个元素。因此，y[i][j]前的元素个数为 i×m+j。

答案：B

【例 4.14】　若有定义：char a[20]，* b＝a;，则不能给数组 a 输入字符串"This is a book"的语句是(　　)。

　　　A. gets(a)　　　　　B. scanf("%s",a)　　C. gets(&a[0]);　　D. gets(b)；

解析：函数 gets()为字符串输入函数，该函数以 Enter 作为字符串输入结束，并将回车符转换为'\0'。而格式输入函数 scanf()则以 Enter、空格或制表符(Tab 键)作为字符串输入结束，因此不能用函数 scanf()输入含有空格的字符串。

答案：B

【例 4.15】　以下程序的输出结果是(　　)。

　　　A. 2　　　　　　　B. 3　　　　　　　C. 4　　　　　　　D. 5

```
#include "stdio.h"
#include "string.h"
void main()
{ char * p[10]={ "abc","aabdfg","dcdbe","abbd","cd"};
  printf("%d\n",strlen(p[4]));
}
```

解析：程序中定义了一个含有 10 个元素的字符指针数组 p，并对前 5 个元素进行了初始化操作，其中 p[4]指向字符串"cd"，其串长为 2。

答案：A

【例 4.16】　若定义一个名为 s 且初值为"123"的字符数组，则下列定义中错误的是(　　)。

　　　A. char s[]={'1', '2', '3','\0'};　　　　　B. char s[]={"123"};

　　　C. char s[]={"123\n"};　　　　　　　　D. char s[4]={ '1', '2', '3'};

解析：字符串"123"在内存中占 4 字节(最后一个字节存放字符串结束标志'\0')。选项 A 是用字符常量对字符数组的全部元素初始化，且最后一个元素的值为字符串结束标记，即数组 s 中存放的是字符串"123"。选项 D 是用字符常量对字符数组的部分元素初始化，根据 C 语言的规定，系统为第 4 个元素赋空值('\0')，即数组 s 中存放的也是字符串"123"。选项 B 是直接使用字符串常量"123"对字符数组初始化。选项 C 是使用字符串常量初始化，但是字符串不是"123"，而是"123\n"，与题意不符。

答案：C

【例 4.17】　下列程序的功能是输入 N 个实数，然后依次输出前 1 个实数和、前 2 个实数和、……、前 N 个实数和。请填写程序中缺少的语句。

```
#include "stdio.h"
#define  N  10
void main()
{ float f[N],x=0.0;int i;
  for(i=0;i<N;i++)
```

```
        scanf("%f",&f[i]);
    for(i=1;i<=N;i++)
    { _____;
        printf("sum of No. %2d--------%f\n",i,x);
    }
}
```

解析：分析上述程序可知，第一个循环实现数据的输入，第二个循环实现求和并输出，程序中缺少计算前 i 个实数和且存入变量 x 的语句。由于每次循环的 x 值都是在前一次循环的基础上进行累加，即前 i 个实数和(x)等于前 i−1 个实数和(x)加上第 i 个实数 f[i−1]，因此应填写 x＝x＋f[i−1]或 x＋＝f[i−1]。

答案：x＝x＋f[i−1]或 x＋＝f[i−l]

【例 4.18】   下列程序的功能是检查一个 N×N 矩阵是否对称(即判断是否所有 a[i][j]都等于 a[j][i])。请填空。

```
#include "stdio.h"
#define N 4
void main()
{ int a[N][N]={1,2,3,4,2,2,5,6,3,5,3,7,4,6,7,4};
  int i,j,found=0;
  for(j=0;j<N-1;j++)
    for(_____①_____;i<N; i++)
      if(a[i][j]!=a[j][i])
      { _____②_____;
        goto L1;
      }
  L1:
  if(found) printf("No\n");
  else printf("Yes\n");
}
```

解析：设置判断标志 found，其初始值为 0。对于主对角线以下的每个元素，分别与其对称元素比较，若不相等，则将 found 置为 1(或非 0 整数)并结束比较。循环结束后，根据 found 的值确定该矩阵是否对称。

答案：① i＝j+1   ② found=1(或非 0 值)

【例 4.19】   编写程序，从一维整型数组 a 的第一个元素开始，每 3 个元素求和并将和值存入数组 b(最后一组可以不足 3 个元素)，最后输出数组 b 的值且每行输出 5 个值。

解析：对于数组元素 a[i]，进行累加操作 b[i/3]＋＝a[i]。从数组 a 的第一个元素开始重复此操作，直到数组 a 的最后一个元素为止。

```
#include "stdio.h"
#define N   20
#define M   N/3+1
void main()
```

```
{ int   a[N],i,j,b[M]={0};
  for(i=0;i<N;i++)  scanf("%d",&a[i]);
  for(i=0;i<N;i++)
    b[i/3]+=a[i];
  j=N%3?N/3+1:N/3;            /* 数组 b 中存放和值的个数 */
  for(i=0;i<j;i++)
  { printf("%d ",b[i]);
    if((i+1)%5==0) printf("\n");
  }
}
```

【**例 4.20**】　已知数组 b 中存放 N 个人的年龄,编写程序,统计各年龄段的人数并存入数组 d。要求:把 0～9 岁年龄段的人数放在 d[0]中,把 10～19 岁年龄段的人数放在 d[1]中,把 20～29 岁年龄段的人数放在 d[2]中,其余以此类推,把 100(含 100)岁以上年龄的人数都放在 d[10]中。

解析:对于数组元素 b[i],如果 b[i]的值大于或等于 100,则 d[10]加 1,否则 d[b[i]/10]加 1。从数组 b 的第一个元素开始,重复此操作,直到数组 b 的最后一个元素为止。

```
# include<stdio.h>
# define N 20
void main()
{ int b[N]={32,45,15,12,86,49,97,3,44,52,17,95,63,14,76,88,54,65,99,102};
  int d[11]={0},i;
  for(i=0;i<N;i++)
    if(b[i]>=100) d[10]++;
    else d[b[i]/10]++;
  for(i=0;i<10;i++)
    printf("%4d--%4d:%4d\n", i * 10, i * 10+9,d[i]);
  printf("  over 100 :%4d\n", d[10]);
}
```

【**例 4.21**】　编写程序,将一维数组 x 中大于平均值的数据移至数组的前部,将小于或等于平均值的数据移至数组的后部。

解析:第一种方法是借助一个类型和大小与 x 相同的数组 y,先将大于平均值的数据存入数组 y 的前部,将小于或等于平均值的数据存入数组 y 的后部,然后将数组 y 复制到数组 x。第二种方法是先正向查找小于或等于平均值的元素,再反向查找大于平均值的元素,交换两个元素的值,重复执行此操作,直到双向查找相遇为止。

方法一:

```
# include<stdio.h>
# define  N  10
void main()
{ int i,j,k;
  float av=0,y[N],x[N];
```

```
for(i=0;i<N;i++)
{ scanf("%f",x+i);
  av=av+x[i];
}
av/=N;
for(k=i=0,j=N-1;k<N;k++)
  if(x[k]>av) y[i++]=x[k];
  else y[j--]=x[k];
for(i=0;i<N;i++)
{ x[i]=y[i];printf("%.2f\t",x[i]);;}
}
```

方法二：

```
#include<stdio.h>
#define  N  10
void main()
{ int i,j;
  float av,x[N],t;
  for(i=0;i<N;i++) scanf("%f",x+i);
  av=0;
  for(i=0;i<N;i++) av=av+x[i];
  av/=N;
  i=0;j=N-1;
  while(i<j)
  { while(i<j&&x[i]>av) i++;
    while(i<j&&x[j]<=av) j--;
    if(i<j)
    {t=x[i];x[i]=x[j];x[j]=t;}
  }
  for(i=0;i<N;i++)
    printf("%5.2f ",x[i]);
}
```

【例 4.22】 已知一维整型数组 a 中的数已按由小到大的顺序排列，编写程序，将数组中值相同的数仅保留一个。

解析：从数组 a 的第二个元素开始，与前面保留的最后一个元素进行比较，若不相等，则将其保留并前移。重复此操作，直到数组 a 的最后一个元素为止。

```
#include<stdio.h>
#define  N  20
void main()
{ int a[N]={ 2,2,2,3,4,4,5,6,6,6,6,7,7,8,9,9,10,10,10,10};
  int i,j;
  printf("The original data :\n");
```

```
for(i=0;i<N;i++)
  printf("%3d",a[i]);
for(j=1,i=1;i<N;i++)
  if(a[j-1]!=a[i])  a[j++]=a[i];
printf("\n\nThe data after deleted :\n");
for(i=0;i<j;i++)
  printf("%3d",a[i]);
}
```

【例 4.23】　编写程序,把从键盘输入的一个数字字符串转换为一个整数并输出。例如,若输入字符串"－1234",则把它转换为整数值－1234。要求:不得调用 C 语言提供的将字符串转换为整数的函数。

解析:设存放数字字符串的数组为 s,存放对应整型数的变量为 n(初始值为 0)。若字符串的第一个字符为'－',则从第二个字符开始,否则从第一个字符开始,利用公式 n＝n*10＋s[i]－ \0'进行转换,直到'\0'为止。

```
#include<stdio.h>
void main()
{ char s[10];long n=0;
  int i=0;
  printf("Enter a string:\n") ;
  gets(s);
  if(s[0]=='-') i++;
  while(s[i])
  { n=n*10+s[i]-'0';i++; }
  if(s[0]=='-') n=-n;
  printf("%ld\n",n);
}
```

【例 4.24】　编写程序,把 N×N 矩阵 A 加上矩阵 A 的转置,结果存放在矩阵 B 中。

解析:可以先将 A 的转置存入 B,再将 A 的元素 a[i][j]累加到 B 的元素 b[i][j]中,也可直接利用 N×N 矩阵转置的特点,通过 b[i][j]＝a[i][j]＋a[j][i]实现。

```
#include<stdio.h>
#define N 3
void main()
{ int a[N][N]={{1,2,3},{4,5,6},{7,8,9}},b[N][N];
  int i,j;
  for(i=0;i<N;i++)
    for(j=0;j<N;j++)
      b[i][j]=a[i][j]+a[j][i];
  for(i=0;i<N;i++)
  { for(j=0;j<N;j++)
      printf("%4d",b[i][j]);
    printf("\n");
```

```
    }
}
```

【例 4.25】 编写程序,将二维数组 a[N][M]中的每个元素向右移一列,最右一列移到最左一列,将移动后的数组存入另一个二维数组 b 中,原数组保持不变。例如

$$a = \begin{vmatrix} 4 & 5 & 6 \\ 1 & 2 & 3 \end{vmatrix}, \quad b = \begin{vmatrix} 6 & 4 & 5 \\ 3 & 1 & 2 \end{vmatrix}$$

解析:先将数组 a 的最后一列元素存入数组 b 的第 1 列中,再依次将数组 a 的第 i 列存入数组 b 的第 i+1 列(0≤i≤M−2),也可使用取余数的方法计算存入数组 b 的列下标实现。

方法一:

```c
#include<stdio.h>
#define N 3
#define M 3
void main()
{ int a[N][M]={4,5,6,1,2,3,6,7,8},b[N][M],i,j;
  for(i=0;i<N;i++)
    b[i][0]=a[i][M-1];
  for(i=0;i<M-1;i++)
    for(j=0;j<N;j++)
      b[j][i+1]=a[j][i];
  for(i=0;i<N;i++)
  { for(j=0;j<M;j++)
      printf("%d  ",b[i][j]);
    printf("\n");
  }
}
```

方法二:

```c
#include<stdio.h>
#define N 3
#define M 4
void main()
{ int a[N][M]={{4,5,6,7},{1,2,3,4},{6,7,8,9}},b[N][M],i,j;
  for(i=0;i<M;i++)
    for(j=0;j<N;j++)
      b[j][(i+1)%M]=a[j][i];
  for(i=0;i<N;i++)
  { for(j=0;j<M;j++)
      printf("%d  ",b[i][j]);
    printf("\n");
  }
}
```

4.3　自测试题

1. 单项选择题

（1）以下定义语句中错误的是（　　）。

　　A. int a[]={1,2};　　　　　　　　　　B. char * a[3];

　　C. char s[10]="test";　　　　　　　　D. int n=5,a[n];

（2）以下语句中能正确定义二维数组的是（　　）。

　　A. int a[][3];　　　　　　　　　　　　B. int a[][3]={2 * 3};

　　C. int a[][3]={};　　　　　　　　　　D. int a[2][3]={{1},{2},{3,4}};

（3）以下程序的输出结果是（　　）。

```
#include<stdio.h>
void main()
{ int i,x[3][3]={1,2,3,4,5,6,7,8,9};
  for(i=0;i<3;i++) printf("%d ",x[i][2-i]);
}
```

　　A. 1 5 9　　　　　　B. 1 4 7　　　　　　C. 3 5 7　　　　　　D. 3 6 9

（4）以下程序的输出结果是（　　）。

```
#include<stdio.h>
void main()
{ int x[8]={8,7,6,5,0}, * s;
  s=x+3;
  printf("%d ",s[2]);
}
```

　　A. 随机值　　　　　B. 0　　　　　　　C. 5　　　　　　　D. 6

（5）若有定义：int a[][3]={1,2,3,4,5,6,7,8};，则数组 a 的行数为（　　）。

　　A. 3　　　　　　　　B. 2　　　　　　　C. 无确定值　　　　D. 1

（6）下列描述中不正确的是（　　）。

　　A. 字符型数组中可以存放字符串

　　B. 可以对字符串进行整体输入、输出

　　C. 可以对整型数组进行整体输入、输出

　　D. 不能使用赋值运算符"="对字符型数组进行整体赋值

（7）下列程序的输出结果是（　　）。

```
#include<stdio.h>
void main()
{ int a[]={1,2,3,4,5},i, * p=a+2;
  printf("%d", p[1]-p[-1]);
}
```

A. 出错,因为下标不能为负值   B. 2

C. 1   D. 3

(8)以下语句的输出结果是(　　)。

```
printf("%d\n", strlen("school"));
```

A. 7   B. 6

C. 存在语法错误   D. 不定值

(9)若有语句:char s1[10],s2[10]＝"books";,则能将字符串"books"赋给数组 s1 的语句是(　　)。

A. s1＝"books";   B. strcpy(s1,s2);

C. s1＝s2;   D. strcpy(s2,s1);

(10)以下语句或语句组中能正确进行字符串赋值的是(　　)。

A. char * sp; * sp＝"right!";   B. char s[10]; s＝"right!";

C. char s[10]; * s＝"right!";   D. char * sp＝"right!";

2. 程序分析题

(1)写出下列程序的运行结果。

```
#include<stdio.h>
void main()
{ int x[6],a=0,b,c=14;
  do
  { x[a]=c%2;a++;c=c/2;}while(c>=1);
  for(b=a-1;b>=0;b--)
    printf("%d ", x[b]);
  printf("\n");
}
```

(2)写出下列程序的运行结果。

```
#include<stdio.h>
void main()
{ int i,n[6]={0};
  for(i=1;i<=4;i++)
  { n[i]=n[i-1] * 2+1;
    printf("%d ",n[i]);
  }
}
```

(3)写出下列程序的运行结果。

```
#include<stdio.h>
#include<string.h>
void main()
{ char c='a',t[]="you and me";
```

```
    int n,k,j;
    n=strlen(t);
    for(k=0;k<n;k++)
        if(t[k]==c) {j=k;break;}
        else j=-1;
    printf("%d", j);
}
```

（4）写出下列程序的运行结果。

```
#include<stdio.h>
#include<string.h>
void main()
{ char str1[20]="China\0USA", str2[20]="Beijing";
    int i, k, num;
    i=strlen(str1); k=strlen(str2);
    num=i<k?i:k;
    printf("%d\n", num);
}
```

（5）写出下列程序的运行结果。

```
#include<stdio.h>
void main()
{ static int a[]={1,3,5,7};
    int * p[3]={a+2,a+1,a};
    int * * q=p;
    printf("%d\n", * (p[0]+1)+ * * (q+2));
}
```

3. 程序填空题

（1）下列程序的功能是将字符数组 a 中下标值为偶数的元素从小到大排列，其他元素的位置保持不变。请填空。

```
#include<stdio.h>
#include<string.h>
void main()
{ char a[]="clanguage",t;
    int i,j,k; k=strlen(a);
    for(i=0;i<=k-2;i+=2)
        for(j=i+2;j<k;_____①_____)
            if(_____②_____)
            { t=a[i];a[i]=a[j];a[j]=t;}
    puts(a);
}
```

（2）下列程序的功能是在字符串 s 中找出与字符串 t 相同的子串个数。请填空。

```
#include<stdio.h>
void main()
{ char s[]="fabcdabgabt",t[]="ab", * p, * q, * r; int n;
  n=0;q=s;
  while( * q)
  { p=q;r=t;
    while( * r)
      if(     ①     )
      { r++; p++; }
      else  break;
    if(     ②     ) n++;
    q++;
  }
  printf("\nThe result is: n=%d\n",n);
}
```

(3) 下列程序的功能是把给定的字符按其矩阵格式读入数组 str，并输出行号与列号之和为 3 的数组元素。请填空。

```
#include<stdio.h>
void main()
{ char str[4][3]={'A', 'b', 'C', 'd', 'E', 'f', 'G', 'h', 'I', 'j', 'K', 'l'};
  int x,y,z;
  for(x=0;x<4;x++)
    for (y=0;     ①     ;y++)
    { z=x+y;
      if(     ②     )
        printf("%c\n",str[x][y]);
    }
}
```

(4) 下列程序的功能是输入一个 3×3 的实数矩阵，求两条对角线元素中各自的最大值。请填空。

```
#include<stdio.h>
void main()
{ float s[3][3],max1,max2,x;
  int i,j;
  for(i=0;i<3;i++)
    for(j=0;j<3;j++)
    { scanf("%f",&x);s[i][j]=x; }
  max1=     ①     ;
  for(i=1;i<3;i++)
    if(max1<s[i][i])  max1=s[i][i];
  max2=     ②     ;
```

```
      if(max2<s[1][1])  max2=s[1][1];
      if(max2<s[2][0])  max2=s[2][0];
      printf("max1=%f\n",max1);
      printf("max2=%f\n",max2);
    }
```

（5）下列程序的功能是利用数组计算并输出 Fibonacci 序列的前 40 项,每行输出 4 项。请填空。

```
#include<stdio.h>
void main()
{ long int a[40]={1,1};
  int i;
  for(i=2;i<40;i++)
    a[i]=_____①_____;
  for(i=0;i<40;i++)
  { if(_____②_____) printf("\n");
    printf("%10ld",a[i]);
  }
}
```

4. 程序设计题

（1）给一维整型数组输入数据,并求第一个值为奇数的元素之前的元素和。

（2）给一维整型数组输入数据,并对前一半元素升序排序,对后一半元素降序排序。

（3）输入一个字符串,统计其中各数字字符出现的次数。

（4）给一个 N×N 矩阵输入数据,并互换主次对角线同一行上的元素值。

（5）给一个二维数组输入数据,并将元素按照行序存入一个一维数组。

4.4　实验题目

（1）数组 a 中存放 N 个整数,编写程序,将数组 a 中的所有正数(含 0)存放在数组的前面,将所有负数存放在数组的后面。

（2）将数组 a 中的所有元素后移 m 位,移出的 m 个元素顺序存放在数组的前 m 位上。

（3）有 5 名学生,每名学生有语文、数学、物理和外语 4 门课的考试成绩,编程统计各学生的总分和平均分,以及所有学生各科的总分和平均分。

（4）将 N×N 矩阵主对角线上的元素升序排序。

（5）将 4×4 矩阵的 4 个最小值按升序存放在主对角线上。

（6）求 N×N 矩阵各行最大值的和。

（7）从键盘输入一个字符串,按照 ASCII 码值由小到大的顺序排序,并删除重复字符。例如,若输入"ad2f3adjfeainzzzzv",则输出"23adefijnvz"。

（8）从键盘输入一个字符串,先删除所有非十六进制字符,然后转换成十进制数并输出。例如,若输入"g2sh8iBof",则输出为10431。

(9) 编写一个登录程序。要求:有相应的提示信息,出现 4 次登录错误后退出。

4.5　思考题

(1) 定义二维数组时是否可以省略第一维的长度?省略时系统如何计算长度?

(2) 定义一维数组与引用一维数组元素时,"[]"内数据的含义是什么?

(3) 若有定义:int a[3][4],(＊q)[4]＝a;,则如何利用指针变量 q 引用数组 a 的元素?

(4) 若有如下定义和语句:

```
int a[3][4],* p[3];
p[0]=&a[0][0];p[1]=&a[1][0];p[2]=&a[2][0];
```

则如何利用指针数组名 p 引用数组 a 的元素?

(5) 试说明下列两种定义方式的区别。

```
char a[3][8]={"gain","much","strong"};
char * a[3]={"gain","much","strong"};
```

4.6　习题解答

1. 单项选择题

(1) 若有定义:int a[10],＊p＝a;,则对数组元素的正确引用是(　　　)。

　　① a[p]　　　　　　② p[a]　　　　　　③ ＊(p+2)　　　④ p+2

解答:a 和 p 是地址,不能用作数组元素的下标,选项①和选项②错误。选项④是数组元素 a[2]的地址。选项③是利用指针变量引用数组元素 a[2]。

答案:③

(2) 若有如下定义,则不能表示数组 a 中元素的表达式是(　　　)。

```
int a[10]={1,2,3,4,5,6,7,8,9,10},* p=a;
```

　　① ＊p　　　　　　② a[10]　　　　　　③ ＊a　　　　　　④ a[p－a]

解答:选项①、选项③和选项④都表示数组元素 a[0]。选项②的下标超出了下标界限(0~9)。

答案:②

(3) 若有如下定义,则值为 3 的表达式是(　　　)。

```
int a[10]={1,2,3,4,5,6,7,8,9,10},* p=a;
```

　　① p+＝2,＊(p++)　　　　　　　　② p+＝2,＊++p

　　③ p+＝3,＊p++　　　　　　　　　④ p+＝2,++＊p

解答:4 个表达式都是逗号表达式。根据逗号表达式的计算过程和单目运算符的结合方向,选项①的值是数组元素 a[2]的值,选项②的值是数组元素 a[3]的值,选项③的值是数组元素 a[3]的值,选项④的值是数组元素 a[2]自加后的值。

　　答案:①

　　(4) 若有定义:char a[10]="ABCD", * p=a;,则 * (p+4)的值是( )。

　　① "ABCD"　　　　　　② 'D'　　　　　　③ '\0'　　　　　　④ 不确定

　　解答:对字符数组的部分元素初始化时,未初始化的元素值为'\0'。 * (p+4)等价于 a[4],其值是'\0'。

　　答案:③

　　(5) 将 p 定义为指向含有 4 个元素的一维数组的指针变量,正确的语句为( )。

　　① int (* p)[4];　　② int * p[4];　　③ int p[4];　　④ int ** p[4];

　　解答:选项①定义了一个指向含有 4 个整型元素的一维数组的指针变量 p。选项②定义了一个含有 4 个指针元素的指针数组 p。选项③定义了一个含有 4 个元素的整型数组 p。选项④定义了一个含有 4 个指针元素的二级指针数组 p。

　　答案:①

　　(6) 若有定义:int a[3][4];,则输入其 3 行 2 列元素的正确语句为( )。

　　① scanf("%d",a[3,2]);　　　　　　② scanf("%d", * (* (a+2)+1))

　　③ scanf("%d", * (a+2)+1);　　　　④ scanf("%d", * (a[2]+1));

　　解答:因为 3 行 2 列元素的地址为 &a[2][1]、*(a+2)+1 或 a[2]+1,所以选项③是正确的。

　　答案:③

　　(7) 下列对指针变量的叙述中正确的是( )。

　　① 指针变量可以加上一个指针变量

　　② 可以把一个整数赋给一个指针变量

　　③ 指针变量的值可以赋给指针变量

　　④ 指针变量不可以有空值,即该指针变量必须指向某一变量

　　解答:指针变量加上一个指针变量没有意义,选项①错误。不能把一个整数(0 除外)直接赋给指针变量,选项②错误。指针变量可以有空值(NULL),即不指向任何变量,选项④错误。指针变量的值可以赋给指针变量,同类型可以直接赋值,不同类型之间可以通过强制类型转换,选项③正确。

　　答案:③

　　(8) 若有定义:int a[10], * p=a+6, * q=a;,则下列运算中错误的是( )。

　　① p-q　　　　　　② p+3　　　　　　③ p+q　　　　　　④ p>q

　　解答:指向同一个数组的两个指针变量可以进行减运算,其含义为两个指针之间的数组元素个数。指向同一个数组的两个指针变量也可以进行关系运算,指向前面元素的指针小于指向后面元素的指针。指向数组元素的指针变量可以加或减一个整型数 c,加 c 后指向其后面的第 c 个元素,减 c 后指向其前面的第 c 个元素。指向同一个数组的两个指针变量进行加法运算没有意义。

　　答案:③

(9) C 语言中,数组名代表(　　)。

　　① 数组全部元素的值　　　　　　　　② 数组首地址

　　③ 数组第一个元素的值　　　　　　　④ 数组元素的个数

解答:C 语言规定,数组名代表数组的首地址。

答案:②

(10) 若有如下定义,则值为 4 的表达式是(　　)。

```
int a[12]={1,2,3,4,5,6,7,8,9,10,11,12};
char c='a',d,g;
```

　　① a[g−c]　　　　② a[4]　　　　③ a['d'−'c']　　　　④ a['d'−c]

解答:值为 4 的数组元素的下标是 3。选项①的下标不确定,选项②的下标为 4,选项③的下标为 1,选项④的下标为 3。

答案:④

(11) 若有定义:char s[12]="string";,则"printf("%d",strlen(s));"的输出结果是(　　)。

　　① 6　　　　　　② 7　　　　　　③ 11　　　　　④ 12

解答:函数 strlen() 的功能是返回字符串中第一个'\0'之前的字符的个数。

答案:①

(12) 语句"printf("%d",strlen("abs\no12\1\\"));"的输出结果是(　　)。

　　① 11　　　　　② 10　　　　　③ 9　　　　　④ 8

解答:字符串中的"\n""\1"和"\\"都是转义字符,都表示一个字符,字符串的长度为 9。

答案:③

(13) 若有定义:int t[3][2];,能正确表示 t 数组元素地址的表达式是(　　)。

　　① &t[3][2]　　② t[3]　　　　③ t[1]　　　　　④ * t[2]

解答:选项①和选项②的下标越界,选项④表示数组元素 a[2][0],选项③表示数组元素 t[1][0] 的地址。

答案:③

(14) 语句"strcat(strcpy(str1,str2),str3);"的功能是(　　)。

　　① 将字符串 str1 复制到字符串 str2 中后再连接到字符串 str3 之后

　　② 将字符串 str1 连接到字符串 str2 中后再复制到字符串 str3 之后

　　③ 将字符串 str2 复制到字符串 str1 中后再将字符串 str3 连接到字符串 str1 之后

　　④ 将字符串 str2 连接到字符串 str1 中后再将字符串 str1 复制到字符串 str3 中

解答:先执行 strcpy(str1,str2),即将字符串 str2 复制到字符串 str1 中,再执行 strcat(str1,str3),即将字符串 str3 连接到字符串 str1 之后。

答案:③

(15) 若有如下定义,则正确的叙述为(　　)。

```
char x[]="abcdefg";
char y[]={'a', 'b', 'c', 'd', 'e', 'f', 'g'};
```

① 数组 x 和数组 y 等价　　　　　② 数组 x 和数组 y 的长度相同
③ 数组 x 的长度大于数组 y 的长度　　④ 数组 y 的长度大于数组 x 的长度

解答：字符串常量"abcdefg"的尾部隐含一个字符串结束标志'\0',数组 x 的长度为 8,数组 y 的长度为 7。

答案：③

2. 程序分析题

(1) 写出下列程序的运行结果。

```
#include "stdio.h"
void main()
{ int a[3][3]={{1,2},{3,4},{5,6}};
  int i,j,s=0;
  for(i=0;i<3;i++)
    for(j=0;j<=i;j++)
      s+=a[i][j];
  printf("%d\n",s);
}
```

解答：该程序的功能是计算 3×3 矩阵的下三角阵(包括主对角线元素)元素之和,即 s=1+3+4+5+6=19。

答案：19

(2) 写出下列程序的运行结果。

```
#include "stdio.h"
void main()
{ int i,j,k,n[3];
  for(i=0;i<3;i++) n[i]=0;
  k=2;
  for(i=0;i<k;i++)
    for(j=0;j<k;j++)
      n[j]=n[i]+1;
  printf("%d\n",n[1]);
}
```

解答：当 i=0 时,n[0]=n[0]+1=1,n[1]=n[0]+1=2。
　　　　当 i=1 时,n[0]=n[1]+1=3,n[1]=n[1]+1=3。

答案：3

(3) 写出下列程序的运行结果。

```
#include "stdio.h"
void main()
```

```
{ int a[]={2,4,6,8,10};
  int y=1,x, * p;
  p=&a[1];
  for(x=0;x<3;x++)
    y+= * (p+x);
  printf("%d\n",y);
}
```

解答：该程序的功能是把数组 a 中下标为 1、2 和 3 的元素值累加到变量 y 上，即 y＝1＋4＋6＋8＝19。

答案：19

(4) 写出下列程序的运行结果。

```
#include "stdio.h"
void main()
{ int i,c;
  char num[][5]={"CDEF","ACBD"};
  for(i=0;i<4;i++)
  { c=num[0][i]+num[1][i]-2 * 'A';
    printf("%3d",c);
  }
}
```

解答：该程序的功能是从左向右依次输出两个字符串对应字符的 ASCII 码值之和与 130 的差值。

答案：2　5　5　8

(5) 写出下列程序的运行结果。

```
#include "stdio.h"
void main()
{ char a[]="*****";
  int i,j,k;
  for(i=0;i<5;i++)
  { printf("\n");
    for(j=0;j<i;j++) printf("%c",'  ');
    for(k=0;k<5;k++) printf("%c",a[k]);
  }
}
```

解答：该程序的功能是输出 5 行"＊"号，每行有 5 个"＊"，且从上到下每行向右移动一列。

答案：

```
*****
 *****
```

```
    *****
     *****
      *****
```

（6）下列程序的功能是什么？

```
#include "stdio.h"
void main()
{ int i,a[10], * p=&a[9];
  for(i=0;i<10;i++) scanf("%d",&a[i]);
  for(;p>=a;p--) printf("%3d", * p);
}
```

答案：该程序的功能是把从键盘输入的 10 个整数按与输入相反的顺序输出。

（7）写出下列程序的运行结果。

```
#include "stdio.h"
void main()
{ char ch[2][5]={"6937","8254"}, * p[2];
  int i,j,s;
  for(i=0;i<2;i++) p[i]=ch[i];
  for(i=0;i<2;i++)
  { s=0;
    for(j=0;ch[i][j]!='\0';j++)
      s=s * 10+ch[i][j]-'0';
    printf("%5d",s);
  }
}
```

解答：该程序的功能是把数字字符串转换成对应的数值。

答案：6937   8254

（8）写出下列程序的运行结果。

```
#include "stdio.h"
void main()
{ int i,k,a[10],p[3];
  k=5;
  for(i=0;i<10;i++)
    a[i]=i;
  for(i=0;i<3;i++)
    p[i]=a[i * (i+1)];
  for( i=0;i<3;i++)
    k+=p[i] * 2;
  printf("%d\n",k);
}
```

解答：该程序的功能是将数组 p 的元素和的 2 倍累加到 k 中。因为 k 的初值为 5，

p[i]＝a[i＊(i＋1)]＝i＊(i＋1)(0≤i≤2)，所以 k＝5＋(0＋2＋6)×2＝21。

答案：21

(9) 写出下列程序的运行结果。

```c
#include "stdio.h"
void main()
{ int a=2, * p,**pp;
  pp= &p;
  p= &a;
  a++;
  printf("%d,%d,%d\n",a, * p,**pp);
}
```

解答：由于 p 指向 a,pp 又指向 p,因此 a、＊p 和**pp 三者等价,它们的值都为 3。

答案：3,3,3

(10) 写出下列程序的运行结果。

```c
#include "stdio.h"
void main()
{ int a[6],i;
  for(i=0;i<6;i++)
  { a[i]=9 * (i-2+4 * (i>3))%5;
    printf("%2d",a[i]);
  }
}
```

解答：余数的符号与被除数相同。当 i≤3 时,a[i]＝9＊(i−2)%5,由此可知,a[0]＝−3,a[1]＝−4,a[2]＝0,a[3]＝4;当 i>3 时,a[i]＝9＊(i−2＋4)%5,由此可知,a[4]＝4,a[5]＝3。

答案：−3 −4 0 4 4 3

3. 程序填空题(在下列程序的_____处填上正确的内容,使程序完整)

(1) 下列程序的功能是输出数组 s 中最大元素的下标。

```c
#include "stdio.h"
void main()
{ int k,i;
  int s[]={3,-8,7,2,-1,4};
  for(i=0,k=i;i<6;i++)
    if(s[i]>s[k]) _____;
  printf("k=%d\n",k);
}
```

解答：变量 k 用来存放最大元素的下标,若 s[i]>s[k],则更新 k 的值,即 k＝i。

答案：k＝i

（2）下列程序的功能是将一个字符串 str 的内容颠倒。

```
#include "stdio.h"
#include "string.h"
void main()
{ int i,j,k;
  char str[]="1234567";
  for(i=0,j=_____;i<j;i++,j--)
  { k=str[i];str[i]=str[j];str[j]=k;}
  printf("%s\n",str);
}
```

解答：颠倒字符串内容的方法是：第一个字符与倒数第一个字符交换，第二个字符与倒数第二个字符交换，以此类推。由 i＝0 可以推断出 j 的初值应是最后一个字符的下标，即 strlen(str)－1。

答案：strlen(str)－1

（3）下列程序的功能是把输入的十进制长整型数以十六进制数的形式输出。

```
#include "stdio.h"
void main()
{ char b[]="0123456789ABCDEF";
  int c[64],d,i=0,base=16;
  long n;
  scanf("%ld",&n);
  do
  { c[i]=_____;i++;n=n/base;
  }while(n!=0);
  for(--i;i>=0;--i)
  { d=c[i];printf("%c",b[d]);}
}
```

解答：进制转换的算法是除以基数取余，应填 n％base。

答案：n％base

（4）下列程序的功能是从键盘上输入若干字符（以 Enter 作为结束）组成一个字符串并存入一个字符数组中，然后输出该数组中的字符串。

```
#include "stdio.h"
void main()
{ char str[81],* ptr;
  int i;
  for(i=0;i<80;i++)
  { str[i]=getchar();
    if(str[i]=='\n') break;
  }
  str[i]=_____①_____;
```

```
    ptr=str;
    while( * ptr) putchar(_____②_____);
}
```

解答：由 while(* ptr)可以推断出字符串末尾应有'\0'。因此,①处应填'\0'。当 ptr 所指向的字符不为 '\0'时,将其输出,然后 ptr 指向下一个字符。因此,②处应填 * ptr＋＋。

答案：① '\0'   ② * ptr＋＋

(5) 下列程序的功能是将数组 a 的元素按行求和并存储到数组 s 中。

```
#include "stdio.h"
void main()
{ int s[3]={0};
  int a[3][4]={{1,2,3,4},{5,6,7,8},{9,10,11,12}};
  int i,j;
  for(i=0;i<3;i++)
  { for(j=0;j<4;j++)
      _____;
    printf("%d\n",s[i]);
  }
}
```

解答：根据题意,应将数组 a 的第 i 行累加到数组元素 s[i]中。因为程序中的外循环次数是行数,内循环次数是列数,所以累加操作为 s[i]＋＝a[i][j]或 s[i]＝s[i]＋a[i][j]。

答案：s[i]＋＝a[i][j]或 s[i]＝s[i]＋a[i][j]

4. 程序改错题(下列每段程序中各有一个错误,请找出并改正)

(1) 下列程序的功能是输入一个字符串,然后将其输出。

```
#include "stdio.h"
void main()
{ char a[20];
  int i;
  scanf("%s",a);
  while(a[i]) printf("%c",a[i++]);
}
```

解答：循环变量 i 未赋初值。
答案：
错误行：int i;
改正为：int i＝0;

(2) 下列程序的功能是将字符数组 a 中的字符串复制到字符数组 b 中。

```
#include "stdio.h"
void main()
```

```
{ char * str1=a, * str2,a[20]="abcde",b[20];
  str2=b;
  while( * str2++= * str1++);
  printf("b=%s\n",b);
}
```

解答：C 语言规定,变量和数组都必须先定义后使用。应先定义数组 a,然后用 a 初始化指针变量 str1。

答案：

错误行：char ＊str1＝a, ＊str2,a[20]＝"abcde",b[20];

改正为：char a[20]＝"abcde", ＊str1＝a, ＊str2,b[20];

（3）下列程序的功能是统计字符串中空格的个数。

```
#include "stdio.h"
void main()
{ int num=0;
  char a[81], * str=a,ch;
  gets(a);
  while((ch= * str++)!='\0')
    if(ch=' ') num++;
  printf("num=%d\n",num);
}
```

解答："＝"是赋值运算符,等于判断应使用关系运算符"＝＝"。

答案：

错误行：if(ch＝' ')　num＋＋;

改正为：if(ch＝＝' ')　num＋＋;

（4）下列程序的功能是将字符串 str 中小写字母的个数、大写字母的个数和数字字符的个数分别存入 a[0]、a[1]和 a[2]中。

```
#include "stdio.h"
void main()
{ char str[80];
  int a[3],i=0;
  gets(str);
  for(;str[i]!='\0';i++)
    if(str[i]>='a'&&str[i]<='z') a[0]++;
    else if(str[i]>='A'&&str[i]<='Z') a[1]++;
        else if(str[i]>='0'&&str[i]<='9') a[2]++;
  for(i=0;i<3;i++)
    printf("%4d\n",a[i]);
}
```

解答：数组元素的初始值不确定,得不到正确的统计结果。应将数组的全部元素都初始化为 0。

答案:

错误行:int a[3],i=0;

改正为:int a[3]={0},i=0;

(5) 下列程序的功能是计算 3×3 矩阵的主对角线元素之和。

```
#include "stdio.h"
void main()
{ int i,a[3][3]={1,2,3,4,5,6,7,8,9},sum=0;
  for(i=1;i<=3;i++) sum+=a[i][i];
  printf("sum=%d\n",sum);
}
```

解答: 在 C 语言中,数组元素的下标从 0 开始,下标 i 的合理取值范围是 0≤i≤2。

答案:

错误行:for(i=1;i<=3;i++) sum+=a[i][i];

改正为:for(i=0;i<3;i++) sum+=a[i][i];

5. 程序设计题

(1) 输入 10 个整数并存入一个一维数组中,输出值和下标都为奇数元素的个数。

解答: 第一种方法是从数组的第一个元素开始依次扫描每个元素,统计下标和元素值都为奇数的元素的个数。第二种方法是从数组的第二个元素开始依次扫描下标为奇数的元素,统计元素值为奇数的元素的个数。

方法一:

```
#include "stdio.h"
void main()
{ int a[10],i,num=0;
  printf("Enter array a:\n");
  for(i=0;i<10;i++)
    scanf("%d",&a[i]);
  for(i=0;i<10;i++)
    if(i%2==1&&a[i]%2!=0) num++;
  printf("num=%d\n",num);
}
```

方法二:

```
#include "stdio.h"
void main()
{ int a[10],i,num=0;
  printf("Enter array a:\n");
  for(i=0;i<10;i++)
    scanf("%d",&a[i]);
  for(i=1;i<10;i+=2)
    if(a[i]%2!=0) num++;
```

```
   printf("num=%d\n",num);
}
```

（2）从键盘上输入任意 10 个数并存放到一维数组中，然后计算它们的平均值，找出其中的最大数和最小数。

解答：用变量 max、min 和 ave 分别存放最大值、最小值和平均值，其初值都为数组的第一个元素的值。从数组的第二个元素开始依次将数组元素值累加到 ave 中，同时与 max 和 min 分别进行比较，若元素值大于 max 的值，则用其更新 max 的值；若元素值小于 min 的值，则用其更新 min 的值。最后用 ave/10 更新 ave 的值。

```c
#include "stdio.h"
void main()
{ float a[10],ave,max,min;
  int i;
  printf("Enter array a:\n");
  for(i=0;i<10;i++)
    scanf("%f",&a[i]);
  max=a[0];min=a[0];ave=a[0];
  for(i=1;i<10;i++)
  { ave+=a[i];
    if(max<a[i]) max=a[i];
    if(min>a[i]) min=a[i];
  }
  ave/=10;
  printf("ave=%.2f max=%.2f min=%.2f\n",ave,max,min);
}
```

（3）有 5 名学生，每名学生有 4 门课程，将有不及格课程的学生成绩输出。

解答：用一个 5 行 4 列的二维数组存放学生的成绩，每行存放一个学生的成绩。对二维数组的每一行从头开始扫描，若元素值小于 60，则停止扫描，依次输出该行的所有元素值。

```c
#include "stdio.h"
void main()
{ int a[5][4]={{78,87,93,65},
               {66,57,70,86},
               {69,99,76,76},
               {78,59,87,90},
               {90,67,97,87}};
  int i,j,k;
  for(i=0;i<5;i++)
    for(j=0;j<4;j++)
      if(a[i][j]<60)
      { printf("%4d",i+1);
        for(k=0;k<4;k++)
```

```
      printf("%4d",a[i][k]);
    printf("\n");
    break;
  }
}
```

（4）已知两个升序序列，将它们合并成一个升序序列。

解答：用数组 a、b 分别存放两个已知的升序序列，然后用以下方法将数组 a、b 中的元素逐个插入数组 c。

$$c[k] = \begin{cases} a[i] & a[i] \leqslant b[j] \\ b[j] & a[i] > b[j] \end{cases}$$

其中，i、j、k 的初值都为 0，插入后 k 的值加 1，i 或 j 的值加 1。

```
#include "stdio.h"
#define M 4
#define N 5
void main()
{ int a[M]={1,3,5,7};
  int b[N]={2,4,6,8,10};
  int c[M+N],i=0,j=0,k=0;
  while(i<M&&j<N)
    if(a[i]<b[j]) c[k++]=a[i++];
    else c[k++]=b[j++];
  while(i<M) c[k++]=a[i++];
  while(j<N)c[k++]=b[j++];
  for(i=0;i<k;i++)
    printf("%5d",c[i]);
  printf("\n");
}
```

（5）从键盘上输入一个字符串，统计字符串中字符的个数。要求：不允许使用求字符串长度函数 strlen()。

解答：用 num 记录字符串的长度，其初值为 0。从字符串的第一个字符开始依次扫描，若不是'\0'，则 num 值加 1，重复此操作，直到扫描到'\0'为止。可以用下标法实现，也可以用指针法实现。

方法一：

```
#include "stdio.h"
void main()
{ char str[81];int num;
  printf("Input a string:\n");
  gets(str);
  for(num=0;str[num];num++);
  printf("length=%d\n",num);
}
```

方法二:

```
#include "stdio.h"
void main()
{ char str[81], * p=str;
  int num=0;
  printf("Input a string:\n");
  gets(str);
  while( * p++) num++;
  printf("length=%d\n",num);
}
```

（6）输入一个字符串并存入数组 a 中,对字符串中的每个字符用加 3 的方法加密并存入数组 b 中,再对数组 b 中的字符串解密并存入数组 c 中,最后依次输出数组 a、b、c 中的字符串。

解答:先将字符数组 a 中的字符依次加 3 后存入数组 b 中,尾部加'\0';再将字符数组 b 中的字符依次减 3 后存入数组 c 中,尾部加'\0'。可以用下标法实现,也可以用指针法实现。

```
#include "stdio.h"
void main()
{ char a[81],b[81],c[81];
  char * pa=a, * pb=b, * pc=c;
  printf("Input array a:\n");
  gets(a);
  while( * pa) { * pb= * pa+3; pa++;pb++;}
  * pb='\0';
  pb=b;
  while( * pb) { * pc= * pb-3; pb++;pc++;}
  * pc='\0';
  printf("array a:%s\n",a);
  printf("array b:%s\n",b);
  printf("array c:%s\n",c);
}
```

（7）输入一个字符串,输出每个大写英文字母出现的次数。

解答:用一个长度为 26 的一维整型数组 num 依次存放每个大写英文字母出现的次数,数组元素的初值都为 0。从字符串的第一个字符开始扫描,若当前字符（指针变量 p 所指向的字符）为大写英文字母,则数组元素 num[* p－'A']的值加 1,重复此操作,直到指针变量 p 指向的字符是'\0'为止。

```
#include "stdio.h"
void main()
{ char str[81], * p=str;
  int num[26]={0},i;
```

```
    printf("Input a string:\n");
    gets(str);
    while( * p)
    { if( * p>='A'&& * p<='Z') num[ * p-'A']++;
      p++;
    }
    for(i='A';i<='Z';i++)
      printf("%3c",i);
    printf("\n");
    for(i=0;i<26;i++)
      printf("%3d",num[i]);
    printf("\n");
}
```

(8) 把从键盘上输入的字符串逆置存放。

解答：字符型指针变量 p 和 q 分别指向第一个字符和最后一个字符,交换 p 和 q 指向的字符,然后使 p 指向后一个字符,q 指向前一个字符,再交换 p 和 q 指向的字符,重复此操作,直到 p≥q 为止。

```
#include "stdio.h"
void main()
{ char str[81], * p, * q,ch;
  printf("Input a string:\n");
  gets(str);
  p=str;q=p;
  while( * q) q++;
  q--;
  while(p<q) {ch= * p; * p++= * q; * q--=ch;}
  printf("turn string:%s\n",str);
}
```

(9) 计算 N 阶方阵的主次对角线上的元素之和。

解答：主对角线上元素的行标和列标相等,次对角线上元素的行标与列标之和为 N-1。

```
#include "stdio.h"
#define N 4
void main()
{ int a[N][N],i,j,sum=0;
  printf("Input matrix a(%d * %d):\n",N,N);
  for(i=0;i<N;i++)
    for(j=0;j<N;j++)
      scanf("%d",&a[i][j]);
  for(i=0;i<N;i++)
    for(j=0;j<N;j++)
```

```
    if(i==j||i+j==N-1)
        sum+=a[i][j];
    if(N%2) sum-=a[N/2][N/2];
    printf("sum=%d\n",sum);
}
```

（10）统计一个英文句子中含有的英文单词的个数，单词之间用空格分隔。

解答：单词的个数可以由空格出现的次数决定（连续的若干空格被视为一个空格，行首的空格不统计在内）。如果当前字符不是空格，而它前面的字符是空格，则表示新单词出现，此时计数器加 1。如果当前字符和它前面的字符都不是空格，则表示当前字符仍然是原来单词的继续，计数器不能加 1。前一个字符是否为空格可以用变量 word 标识，若 word 值为 0，则表示前一个字符是空格；若 word 值为 1，则表示前一个字符不是空格。

```
#include "stdio.h"
void main()
{ char str[81], * p=str;
  int num=0,word=0;
  printf("Input a string:\n");
  gets(str);
  while( * p)
  { if( * p==' ') word=0;
    else if(word==0)
        { num++; word=1; }
    p++;
  }
  printf("num=%d\n",num);
}
```

（11）从键盘上输入 N 个字符串（长度小于 80），对其进行升序排序并输出。

解答：用选择（或冒泡）排序法进行排序，用函数 strcmp() 进行比较，用函数 strcpy() 进行交换。

```
#include "stdio.h"
#include "string.h"
#define N 4
void main()
{ char str[N][81],temp[81];
  int i,j;
  printf("Input %d strings:\n",N);
  for(i=0;i<N;i++)
    gets(str[i]);
  for(i=0;i<N-1;i++)
    for(j=i+1;j<N;j++)
      if(strcmp(str[i],str[j])>0)
      { strcpy(temp,str[i]);
```

```
            strcpy(str[i],str[j]);
            strcpy(str[j],temp);
        }
    printf("sort string:\n");
    for(i=0;i<N;i++)
        puts(str[i]);
}
```

(12) 有一个值升序排列的数组,输入一个数,要求按原来的排序规律将它插入到数组中。

解答：从数组的最后一个元素开始依次比较输入数和数组元素的值,若输入数小于数组元素的值,则数组元素后移一个位置,否则将输入数存入空出的位置。

```
#include "stdio.h"
#define N 10                        /* N 是数组长度 */
void main()
{ int a[N]={1,3,5,7,9,11},n=6,i,num;  /* n 是数组中存放的数值的个数 */
  printf("Input a integer:");
  scanf("%d",&num);
  i=n-1;
  while(a[i]>num&&i>=0)
  { a[i+1]=a[i];i--;}
  a[i+1]=num;
  printf("array a:");
  for(i=0;i<=n;i++)
    printf("%5d",a[i]);
  printf("\n");
}
```

(13) 编写程序,实现两个字符串的比较。要求：不允许使用字符串比较函数 strcmp()。

解答：先比较两个字符串的第一个字符,若相等,则比较两个字符串的第二个字符,若相等,则比较两个字符串的第三个字符,重复此操作,直到对应字符不相等或为'\0'为止。结束比较后,若两个字符串的当前字符都是'\0',则这两个字符串相等,否则不相等。

```
#include "stdio.h"
void main()
{ char str1[81],str2[81],* p1=str1,* p2=str2;
  int flag;
  printf("Input string str1:");
  gets(str1);
  printf("Input string str2:");
  gets(str2);
  while(* p1&&* p2)
    if(* p1==* p2) {p1++;p2++;}
    else break;
```

```
if( * p1- * p2==0) flag=0;
else flag= * p1- * p2>0?1:-1;
printf("%d\n",flag);
}
```

(14) 已知 A 是一个 4×3 矩阵,B 是一个 3×5 矩阵,计算 A 和 B 的乘积。

解答:用二维数组 a[4][3]、b[3][5]、c[4][5]表示矩阵 A、B、C,根据矩阵乘积运算规则,c[i][j]=a[i][0] * b[0][j]+a[i][1] * b[1][j]+a[i][2] * b[2][j],用三重循环可以求出数组 c 中全部元素的值。

```
#include "stdio.h"
void main()
{ int a[4][3],b[3][5],c[4][5],i,j,k;
  printf("Input matrix a(4 * 3):\n");
  for(i=0;i<4;i++)
    for(j=0;j<3;j++)
      scanf("%d",&a[i][j]);
  printf("Input matrix b(3 * 5):\n");
  for(i=0;i<3;i++)
    for(j=0;j<5;j++)
      scanf("%d",&b[i][j]);
  for(i=0;i<4;i++)
    for(j=0;j<5;j++)
    { c[i][j]=0;
      for(k=0;k<3;k++)
        c[i][j]+=a[i][k] * b[k][j];
    }
  printf("Matrix a * b:\n");
  for(i=0;i<4;i++)
  { for(j=0;j<5;j++)
      printf("%4d",c[i][j]);
    printf("\n");
  }
}
```

(15) 输入 10 个数,将其中的最小数与第一个数交换,将其中的最大数与最后一个数交换。

解答:用一维数组 a 存放输入的 10 个数,在数组中找出存放最小值和最大值的元素下标 min 和 max。先交换 a[0]和 a[min]的值,若 max≠0,则交换 a[9]和 a[max]的值,否则交换 a[9]和 a[min]的值。

```
#include "stdio.h"
void main()
{ int a[10],i,maxi,mini,max,min;
```

```
printf("Input array a:\n");
for(i=0;i<10;i++)
  scanf("%d",&a[i]);
maxi=0;mini=0;
max=a[0];min=a[0];
for(i=1;i<10;i++)
{ if(a[i]>max) {max=a[i];maxi=i;}
  if(a[i]<min) {min=a[i];mini=i;}
}
i=a[0];a[0]=a[mini],a[mini]=i;
if(maxi==0) maxi=mini;
i=a[9];a[9]=a[maxi],a[maxi]=i;
printf("input array a:\n");
for(i=0;i<10;i++)
  printf("%4d",a[i]);
}
```

(16) n 个已按 1 到 n 编号的人围成一圈,从第一个人开始按 1 到 3 报数,凡报到"3"者退出圈子,问最后留在圈中人的编号是几。

解答:先将 n 个人的编号依次存入一维数组 a 中,然后从 a[0]开始顺序查找第 3 个值不为 0 的数组元素,若到 a[n−1]还没有找到,则再从 a[0]开始,找到后将其值置为 0;从刚刚置为 0 的元素的下一个元素开始,按上述方法再查找第 3 个值不为 0 的数组元素,并将其值置为 0,以此类推,直到数组 a 中只有一个值不为 0 的元素为止。不为 0 的元素的值即为所求。

```
#include "stdio.h"
#define N 10
void main()
{ int a[N],m,i,k;
  for(i=0;i<N;i++) a[i]=i+1;
  i=0;m=0;k=0;
  while(m<N-1)
  { if(a[i]!=0) k++;
    if(k==3) { a[i]=0;k=0;m++;}
    i++;
    if(i==N) i=0;
  }
  for(i=0;i<N;i++)
    if(a[i]!=0) printf("last person is %d\n",a[i]);
}
```

(17) 给定一个一维数组,任意输入 6 个数,假设为 1、2、3、4、5、6。建立一个具有以下内容的方阵并存入一个二维数组。

```
1  2  3  4  5  6
2  3  4  5  6  1
3  4  5  6  1  2
4  5  6  1  2  3
5  6  1  2  3  4
6  1  2  3  4  5
```

解答：把一维数组的值依次存入二维数组的第 1 行，然后将一维数组所有元素的值左移 1 位，将移出去的值存入最后一个元素；把一维数组的值依次存入二维数组的第 2 行，然后将一维数组所有元素的值再左移 1 位，将移出去的值存入最后一个元素；以此类推，执行 6 次。

```
#include "stdio.h"
void main()
{ int a[6],b[6][6],i,j,t;
  printf("Input 6 integers :\n");
  for(i=0;i<6;i++)
    scanf("%d",&a[i]);
  for(i=0;i<6;i++)
  { for(j=0;j<6;j++) b[i][j]=a[j];
    t=a[0];
    for(j=0;j<5;j++) a[j]=a[j+1];
    a[5]=t;
  }
  for(i=0;i<6;i++)
  { for(j=0;j<6;j++)
      printf("%4d",b[i][j]);
    printf("\n");
  }
}
```

上述程序中的如下程序段也可以改得相对简单一些，即将程序段

```
for(i=0;i<6;i++)
{ for(j=0;j<6;j++) b[i][j]=a[j];
  t=a[0];
  for(j=0;j<5;j++) a[j]=a[j+1];
  a[5]=t;
}
```

改成

```
for(i=0;i<6;i++)
{ for(j=0;j<6;j++)
    b[i][j]=a[(i+j)%6];
}
```

(18) 数组 a 中存放 10 个 4 位十进制整数,统计千位和十位之和与百位和个位之和相等的数的个数,并将满足条件的数存入数组 b。

解答:通过除法运算和取余运算分离出 4 位整数的个位、十位、百位和千位。对于数组元素 a[i],其个位数是 a[i]%10,十位数是 a[i]%100/10,百位数是 a[i]%1000/100,千位数是 a[i]/1000。当然,还有其他表示形式。

```c
#include "stdio.h"
void main()
{ int a[]={1221,2234,2343,2323,2112,2224,8987,4567,4455,8877};
  int b[10],i,gw,sw,bw,qw,k,num=0;
  k=0;
  for(i=0;i<10;i++)
  { gw=a[i]%10;
    sw=a[i]%100/10;
    bw=a[i]%1000/100;
    qw=a[i]/1000;
    if(qw+sw==bw+gw)
    { num++;b[k++]=a[i]; }
  }
  printf("num=%d\n",num);
  for(i=0;i<num;i++)
    printf("%6d",b[i]);
}
```

(19) 将一个英文句子中的前后单词逆置(单词之间用空格分隔)。

例如:how old are you。

逆置后为:you are old how。

解答:先将整个英文句子逆置,然后将每个单词逆置。

```c
#include "stdio.h"
void main()
{ char str[81], * p1, * p2, * p,ch;
  printf("input a english sentence:\n");
  gets(str);
  p1=str;p2=str;
  while(* p2) p2++;
  p2--;
  while(p1<p2)
  { ch=* p1;* p1++=* p2;* p2--=ch; }
  p=str;
  while(* p)
  { p1=p;
    while(* p1==' ') p1++;
```

```
        p2=p1;
        while( * p2&& * p2!=' ') p2++;
        p=p2;
        p2--;
        while(p1<p2)
        { ch= * p1; * p1++= * p2; * p2--=ch; }
    }
    printf("turn english sentence:\n");
    puts(str);
}
```

（20）将一个字符串重新排列，按照字符出现的顺序将所有相同的字符存放在一起。

例如：acbabca。

排列后为：aaaccbb。

解答：新建立一个数组，用于存放重新排列的字符串。从字符串的第一个字符开始，把该字符及其后面与它相同的字符都存入数组，同时用'\0'代替原字符串中的相应字符；再从字符串的第一个非'\0'字符开始，把该字符及其后面与它相同的字符都存入数组，同时用'\0'代替原字符串中的相应字符，以此类推，直到原字符串的结束标志位置为止。在重新排列的过程中，用'\0'代替已重排的字符。因此在重新排列前，一定要保存字符串结束标志'\0'的位置。

```
#include "stdio.h"
#include "string.h"
void main()
{ char str1[81],str2[81], * p1, * p2, * p, * q,ch;
  printf("Input a string:\n");
  gets(str1);
  p=str1;p2=str2;q=str1+strlen(str1);
  while(p!=q)
  { while(p!=q&& * p=='\0') p++;
    p1=p;ch= * p;
    while(p1!=q)
      if( * p1==ch) { * p2++=ch; * p1++='\0'; }
      else p1++;
  }
  * p2='\0';
  printf("result:\n");
  strcpy(str1,str2);
  puts(str1);
}
```

4.7 自测试题参考答案

1. 单项选择题

(1) D   (2) B   (3) C   (4) B   (5) A   (6) C   (7) B

(8) B   (9) B   (10) D

2. 程序分析题

(1) 1 1 1 0   (2) 1 3 7 15   (3) 4   (4) 5   (5) 8

3. 程序填空题

(1) ① j+=2 或 j=j+2 或 j++,j++   ② a[i]>a[j]

(2) ① *r==*p   ② *r=='\0'

(3) ① y<3 或 y<=2   ② z==3

(4) ① s[0][0]   ② s[0][2]

(5) ① a[i-1]+a[i-2]   ② i%4==0

4. 程序设计题

(1)

```c
#include<stdio.h>
#define N  10
void main()
{ int a[N],i,s=0;
  for(i=0;i<N;i++)  scanf("%d",a+i);
  for(i=0;i<N&&a[i]%2==0;i++)   s=s+a[i];
  if(i!=N) printf("%d\n",s);
  else printf("数组中无奇数! \n");
}
```

(2)

```c
#include<stdio.h>
#define N 11
void main()
{ int a[N],i,j,t;
  for(i=0;i<N;i++)  scanf("%d",a+i);
  for(i=0;i<N/2-1;i++)
    for(j=i+1;j<N/2;j++)
      if(a[i]>a[j]) {t=a[i];a[i]=a[j];a[j]=t;}
  for(i=N/2;i<N-1;i++)
    for(j=i+1;j<N;j++)
      if(a[i]<a[j]) {t=a[i];a[i]=a[j];a[j]=t;}
  for(i=0;i<N;i++) printf("%d ",a[i]);
}
```

（3）

```c
#include "stdio.h"
void main()
{ int a[10]={0},len,i; char ch[81];
  gets(ch);
  for(i=0;ch[i]!='\0';i++)
    if(ch[i]>='0'&&ch[i]<='9') a[ch[i]-'0']++;
  for(i=0;i<10;i++)
    printf("%c   %d\n",'0'+i,a[i]);
}
```

（4）

```c
#include<stdio.h>
#define N   5
void main()
{ int a[N][N],i,j,t;
  for(i=0;i<N;i++)
    for(j=0;j<N;j++)
      scanf("%d",&a[i][j]);
  for(i=0;i<N;i++)
  { t=a[i][i];a[i][i]=a[i][N-i-1]; a[i][N-1-i]=t; }
  for(i=0;i<N;i++)
  { for(j=0;j<N;j++)
      printf("%5d",a[i][j]);
    printf("\n");
  }
}
```

（5）

```c
#include<stdio.h>
#define M 3
#define N 4
void main()
{ int a[M][N],i,j,k=0,b[M*N];
  for(i=0;i<M;i++)
    for(j=0;j<N;j++)
      scanf("%d",&a[i][j]);
  for(i=0;i<M;i++)
    for(j=0;j<N;j++)
      b[k++]=a[i][j];
  for(i=0;i<M*N;i++)
    printf("%d ",b[i]);
}
```

4.8 实验题目参考答案

(1)

```
#include<stdio.h>
#define N  10
void main()
{ int a[N],i,j,t;
  for(i=0;i<N;i++)  scanf("%d",a+i);
  i=0;j=N-1;
  while(i<j)
  { while(i<j&&a[i]>=0) i++;
    while(i<j&&a[j]<0) j--;
    if(i<j) { t=a[i];a[i]=a[j];a[j]=t; }
  }
  for(i=0;i<N;i++)  printf("%d  ",a[i]);
}
```

(2)

方法一：在原数组中,每次后移一个元素,将移出的元素放在数组的最前面,重复 m 次即可。

```
#include "stdio.h"
#define N 10
void main()
{ int a[N],i,j,t,m;
  printf("Input array:");
  for(i=0;i<N;i++)  scanf("%d",a+i);
  printf("Input m:");
  scanf("%d",&m);
  m=m%N;
  for(i=0;i<m;i++)
  { t=a[N-1];
    for(j=N-1;j>0;j--) a[j]=a[j-1];
    a[0]=t;
  }
  for(i=0;i<N;i++)
    printf("%d  ",a[i]);
}
```

方法二：先将原数组后的 m 个元素复制到另一个数组中,再将原数组中的前 N−m 个元素后移 m 位,最后将另一个数组中的 m 个元素复制到原数组的前 m 位上。

```
#include "stdio.h"
```

```
#define N 10
void main()
{ int a[N],i,j,t[N],m;
  printf("Input array:");
  for(i=0;i<N;i++)   scanf("%d",a+i);
  printf("Input m:");
  scanf("%d",&m);
  m=m%N;
  for(i=0,j=N-m;j<N;j++) t[i++]=a[j];
  for(i=N-m-1;i>=0;i--) a[i+m]=a[i];
  for(i=0;i<m;i++) a[i]=t[i];
  for(i=0;i<N;i++)
    printf("%d  ",a[i]);
  printf("\n");
}
```

(3)

```
#include<stdio.h>
void main()
{ float a[7][6]={0};
  int i,j;
  printf("Input score:\n");
  for(i=0;i<5;i++)
  { for(j=0;j<4;j++)
    { scanf("%f",&a[i][j]);
      a[i][4]+=a[i][j];
      a[5][j]+=a[i][j];
    }
    a[i][5]=a[i][4]/4;
  }
  for(j=0;j<4;j++)
    a[6][j]=a[5][j]/5;
  printf("result:\n");
  for(i=0;i<5;i++)
  { for(j=0;j<6;j++)
      printf("%5.1f\t",a[i][j]);
    printf("\n");
  }
  for(i=5;i<7;i++)
  { for(j=0;j<4;j++)
      printf("%5.1f\t",a[i][j]);
    printf("\n");
  }
}
```

(4)

```c
#include<stdio.h>
#define N 4
void main()
{ int a[N][N],i,j,t;
  printf("Input matrix:\n");
  for(i=0;i<N;i++)
    for(j=0;j<N;j++)
      scanf("%d",&a[i][j]);
  for(i=0;i<N-1;i++)
    for(j=i+1;j<N;j++)
      if(a[i][i]>a[j][j])
      { t=a[i][i];a[i][i]=a[j][j];a[j][j]=t;}
  printf("Result:\n");
  for(i=0;i<N;i++)
  { for(j=0;j<N;j++)
      printf("%5d",a[i][j]);
    printf("\n");
  }
}
```

(5)

```c
#include<stdio.h>
#define N 4
void main()
{ int a[N][N],i,j,k,t,mini,minj;
  printf("Input matrix:\n");
  for(i=0;i<N;i++)
    for(j=0;j<N;j++)
      scanf("%d",&a[i][j]);
  for(i=0;i<N;i++)
  { mini=i;minj=i;
    for(j=0;j<N;j++)
      for(k=0;k<N;k++)
      { if(j==k&&j<i) continue;
        if(a[mini][minj]>a[j][k]) { mini=j;minj=k;}
      }
    t=a[i][i];a[i][i]=a[mini][minj]; a[mini][minj]=t;
  }
  printf("Result:\n");
  for(i=0;i<N;i++)
  { for(j=0;j<N;j++)
      printf("%5d",a[i][j]);
```

```
    printf("\n");
  }
}
```

（6）

```
#include<stdio.h>
#define N 4
void main()
{ int a[N][N],i,j,s=0,max;
  printf("Input matrix:\n");
  for(i=0;i<N;i++)
    for(j=0;j<N;j++)
      scanf("%d",&a[i][j]);
  for(i=0;i<N;i++)
  { max=a[i][0];
    for(j=1;j<N;j++)
      if(max<a[i][j]) max=a[i][j];
    s=s+max;
  }
  printf("Result:");
  printf("%d\n",s);
}
```

（7）

```
#include "stdio.h"
#include "string.h"
void main()
{ char str[81];int i,j,t,l,k;
  printf("Input string:");
  gets(str);
  l=strlen(str);
  for(i=0;i<l-1;i++)
  { for(j=i+1,k=i;j<l;j++)
      if(str[i]==str[j])  str[j]='\0';
      else if(str[j]!='\0'&&str[k]>str[j]) k=j;
    if(k!=i) { t=str[k];str[k]=str[i];str[i]=t; }
  }
  for(j=0,i=0;i<l;i++)
    if(str[i]!='\0')  str[j++]=str[i];
  str[j]='\0';
  printf("Result:");
  puts(str);
}
```

(8)

```c
#include "stdio.h"
void main()
{ char str[81];
  int t,i,j,cc;
  printf("Input string:");
  gets(str);
  for(i=0,j=0;str[i];i++)
  { t=str[i]>='a'&& str[i]<='f'|| str[i]>='A'&& str[i]<='F';
    if(str[i]>='0'&& str[i]<='9'||t) str[j++]=str[i];
  }
  str[j]='\0';
  t=0;
  for(i=0;str[i]!=0;i++)
  { if(str[i]>='0'&& str[i]<='9') cc=48;
    else if(str[i]>='a'&& str[i]<='f') cc=87;
        else cc=55;
    t=t*16+str[i]-cc;
  }
  printf("Result: %u\n",t);
}
```

(9)

```c
#include "stdio.h"
#include "string.h"
#include "stdlib.h"
void main()
{ char username[81],password[81];
  int i,login=0;
  for(i=1;i<=4;i++)
  { printf("第 %d 次登录\n",i);
    printf("请输入用户名:");
    gets(username);
    printf("请输入密码:");
    gets(password);
    if(strcmp(username,"myname")==0&&strcmp(password,"mypass")==0)
    { login=1; break;}
    else
    { system("cls");
      if(i==4) break;
      printf("用户名或密码错误,请重新输入!\n");
      continue;
    }
```

```
    }
    if(login) printf("登录成功!\n");
    else printf("已 4 次登录错误,退出登录!\n");
}
```

4.9　思考题参考答案

（1）**答**：若对数组初始化,则定义二维数组时第一维的长度可以省略,否则不可以省略,但第二维的长度不能省略,因为系统无法通过提供的初始值确定其每列元素的个数,而省略第一维长度时,系统可以根据初始列表中值的个数和第二维的长度计算出所省略的第一维的长度,具体计算方法为：第一维的长度=「列表中值的个数/第二维的长度」。

（2）**答**：定义一维数组时,“[]”内的数据是定义数组中元素的总个数,其必须为常量表达式；引用数组元素时,“[]”内的数据是使用元素在数组内的下标,可以是各种表达式,表达式值的范围为 0～元素总个数−1。

（3）**答**：利用 q 引用数组元素 a[i][j] 的方式有 3 种,分别为 q[i][j]、*(q[i]+j)和 *(*(q+i)+j)。

（4）**答**：利用 p 引用数组元素 a[i][j] 的方式有 3 种,分别为 p[i][j]、*(p[i]+j)和 *(*(p+i)+j)。

（5）**答**：第一种定义方式是使用字符数组处理字符串,第二种定义方式是使用字符指针处理字符串,其存储方式如图 4.2 所示。由此可知,第一种定义方式定义了一个等长的二维字符数组,第二种定义方式定义了一个一维字符指针数组,相当于定义了一个不等长的二维字符数组,每行的宽度取决于具体字符串的长度。另外,系统为第一种定义方式分配的存储空间是连续的,但第二种定义方式的字符串之间则不一定连续。因此,相比于二维字符数组,指针数组有明显的优点,一是指针数组中不同元素所指的字符串不必限制长度,二是对字符串的处理是通过指针进行的,效率比下标方式要高。但是二维字符数组可以通过下标很方便地修改某一元素的值,而指针数组却不容易实现。

(a) 字符数组a的空间分配情况　　　　　(b) 字符指针数组a的空间分配情况

图 4.2　两种定义的空间分配情况示意图

第 **5** 章 CHAPTER

函　　数

5.1　内容概述

本章主要介绍函数的定义、调用、参数传递规则、嵌套调用和递归调用及其与带参数的宏的区别,以及主函数与命令行参数、变量的作用域和存储类别等内容。本章的知识结构如图 5.1 所示。

图 5.1　第 5 章知识结构

考核要求:熟练掌握函数的定义、调用形式、参数传递规则、返回值类型和递归调用;熟练掌握变量的作用域与存储类别;了解主函数与命令行参数;了解函数与带参数的宏的区别。

重点难点:本章的重点是函数的定义和调用方法,调用函数时的数据传递方法,变量的作用域和存储类别。本章的难点是函数参数值传递和地址传递的区别以及递归函数的设计。

核心考点:函数的定义和调用,变量的作用域和存储类别。

5.2 典型题解析

【例5.1】 以下函数首部中正确的是( )。

    A. int play(var :integer,var b:integer)

    B. float play(int a,b)

    C. double play(int a,int b)

    D. void play(a as integer,b as integer)

解析：函数定义的一般形式为

[函数存储类别][函数返回值类型] 函数名([函数形式参数表])
{ 函数体说明部分
    函数功能语句序列
    [return 表达式;]
}

若省略存储类别,则系统默认为 extern,即外部函数。若省略返回值类型,则系统默认为 int。形式参数表的说明格式为

类型 1 形参 1,类型 2 形参 2,…,类型 n 形参 n

本题中,选项 A、选项 B 和选项 D 的形式参数表的说明格式都是错误的。

答案：C

【例 5.2】 若已定义的函数有返回值,则以下关于该函数调用的叙述中错误的是( )。

    A. 函数调用可以作为独立的语句存在

    B. 函数调用可以作为一个函数的实参

    C. 函数调用可以出现在表达式中

    D. 函数调用可以作为一个函数的形参

解析：函数调用有三种方式。一是把函数调用作为一个语句,二是函数调用出现在一个表达式中,三是把函数调用作为一个函数的实际参数。

答案：D

【例 5.3】 有以下函数定义:

```
void fun(int n, double x) { … }
```

若以下选项中的变量都已正确定义并赋值,则正确调用函数 fun 的语句是( )。

    A. fun(int y,double m);   B. k=fun(10,12.5);

    C. fun(x,n);   D. void fun(n,x);

解析：函数调用的一般形式为

函数名([实际参数表])

函数调用时不能写实际参数的类型和函数返回值的类型,故选项 A 和选项 D 是错误的。若函数返回值的类型为 void(空类型),则禁止在函数调用中使用被调用函数的返回

值,故选项 B 是错误的。

答案:C

【例 5.4】 程序中对函数 fun()有如下引用说明:

```
void * fun();
```

此说明的含义是(   )。

    A. 函数 fun()无返回值

    B. 函数 fun()的返回值可以是任意数据类型

    C. 函数 fun()的返回值是无值型的指针类型

    D. 指针 fun 指向一个函数,该函数无返回值

解析:函数引用说明的主要作用是利用它在程序的编译阶段对被调用函数的合法性进行全面检查,包括函数名、函数返回值的类型、形式参数的个数、形式参数的类型和顺序。函数引用说明的形式为

函数返回值类型 函数名(类型 1 形参 1,类型 2 形参 2,…);

其中,形参名可以省略,写成

函数返回值类型 函数名(类型 1,类型 2,…);

当参数类型都为 int 或 char 时,形参类型名也可以省略,写成

函数返回值类型 函数名();

本题中,函数引用说明的含义是被调用函数的函数名为 fun,函数的返回值类型为空类型指针。

答案:C

【例 5.5】 有以下程序:

```
#include<stdio.h>
int f(int n);
void main()
{ int s;
  s=f(4); printf("%d\n",s);
}
int f(int n)
{ int s;
  if(n>0) s=n+f(n-1);else   s=0;
  return s;
}
```

该程序的输出结果是(   )。

    A. 4   B. 10   C. 14   D. 6

解析:本题主要考查对函数递归调用的理解。该程序中,递归结束条件是 $n \leqslant 0$,若满足递归结束条件,则不再递归,否则一直执行 $s = n + f(n-1)$ 操作,展开此求和公式得

$s=4+f(3)=4+3+f(2)=4+3+2+f(1)=4+3+2+1+f(0)=4+3+2+1+0=10$。

答案：B

【例 5.6】 有以下程序：

```
#include<stdio.h>
void fun(char * c,int d)
{ * c= * c+1;d=d+1;
  printf("%c,%c,", * c,d);
}
void main()
{ char b='a',a='A';
  fun(&b,a);  printf("%c,%c\n",b,a);
}
```

该程序的输出结果是(   )。

    A. b,B,b,A   B. b,B,B,A   C. a,B,B,a   D. a,B,a,B

解析：C语言中,函数参数的传递是单向值传递。确切地说,函数被调用时,系统为每个形参分配存储单元,并把相应的实参值传送到这些存储单元作为形参的初值,然后执行规定的操作。在函数中对形参的操作不会影响调用函数中的实参,即形参的值不能传回给实参。当指针作为函数的参数时,形参和实参指向同一存储单元,修改形参指向存储单元的值就等于修改实参所指向的存储单元的值。

本题中,变量 a 的值('A')传递给形参变量 d,a 和 d 在内存中占用不同的存储单元。形参变量 d 的值在函数 fun 中被修改为'B',但实参变量 a 的值不变。变量 b 的地址传递给形参指针变量 c,此时,&b 和 c 都指向变量 b。因此, * c 就是 b,对 * c 进行操作就是对 b 进行操作,即 b 的值在函数 fun 中被修改为'b'。

答案：A

【例 5.7】 有以下程序：

```
#include<stdio.h>
void sum(int a[])
{ a[0]=a[-1]+a[1]; }
void main()
{ int a[10]={1,2,3,4,5,6,7,8,9,10};
  sum(a+2);
  printf("%d\n",a[2]);
}
```

该程序的输出结果是(   )。

    A. 6   B. 7   C. 5   D. 8

解析：一维数组名可以作为函数的参数,调用函数时的参数传递方式是址传递。此时,实参数组和形参数组共占用同一段内存,函数中对形参数组的操作实质上就是对实参数组的操作。

本题中,实参传递给形参的是数组元素 a[2]的地址 a+2。因此,函数 sum()中的

a[0]就是主函数 main()中的 a[2]。函数调用结束后,实参数组元素 a[2]的值为实参数组元素 a[1]和 a[3]的和,其值为 6。

答案: A

【例 5.8】 有以下程序:

```
#include<stdio.h>
float f1(float n)
{ return n * n;}
float f2(float n)
{ return 2 * n;}
void main()
{ float ( * p1)(float),( * p2)(float),( * t)(float),y1,y2;
  p1=f1; p2=f2;
  y1=p2(p1(2.0));
  t=p1;p1=p2;p2=t;
  y2=p2(p1(2.0));
  printf("%3.0f,%3.0f\n",y1,y2);
}
```

该程序的输出结果是(　　)。

　　A. 8,16　　　　　　B. 8,8　　　　　　C. 16,16　　　　　　D. 4,8

解析: C 语言中,可以通过指向函数的指针变量调用函数,函数调用的一般形式为

(* 指针变量名)(实参表列)

或

指针变量名(实参表列)

本题中,先使指针变量 p1 指向函数 f1(),p2 指向函数 f2(),通过 p1 调用函数 f1()(返回值为 4),通过 p2 调用函数 f2()(返回值为 8,即 y1=8),再交换 p1 和 p2,使指针变量 p1 指向函数 f2(),p2 指向函数 f1(),通过 p1 调用函数 f2()(返回值为 4),通过 p2 调用函数 f1()(返回值为 16,即 y2=16)。

答案: A

【例 5.9】 以下叙述中正确的是(　　)。

　　A. 局部变量说明为 static 存储类别,其生存期将得到延长

　　B. 全局变量说明为 static 存储类别,其作用域将被扩大

　　C. 任何存储类别的变量在未赋初值时,其值都是不确定的

　　D. 形参可以使用的存储类别说明符与局部变量完全相同

解析: 若局部变量的存储类别说明为 static,则该变量在静态存储区分配存储空间,所占用的空间一直持续到程序执行结束,其生存期将得到延长,故选项 A 正确。若全局变量的存储类别说明为 static,则该变量只能在定义它的文件内引用,同一程序的其他文件不能使用,其作用域将被缩小,故选项 B 错误。static 型和 extern 型变量的初始化在程序编译时处理,程序执行时不再处理,系统为没有初始化的变量赋 0 值,故选项 C 错误。

局部变量的存储类别可以说明为 static,但形参不可以说明为 static,故选项 D 错误。

答案：A

【例 5.10】 有以下程序：

```
#include<stdio.h>
int fun()
{ static int x=1;
  x*=2;
  return x;
}
void main()
{ int i,s=1;
  for(i=1;i<=3;i++) s*=fun();
  printf("%d\n",s);
}
```

该程序的输出结果是( )。

    A. 0   B. 10   C. 30   D. 64

解析：static 型局部变量在静态存储区分配存储空间,其占用的存储单元在函数调用结束后不释放。下一次函数调用时,该变量的值就是上一次函数调用结束时的值。另外,static 型变量的初始化在程序编译时处理,程序执行时不再处理。

本题中,在函数 fun()内定义了 static 型局部变量 x,其初值为 1。函数 fun()被调用了 3 次,每次调用前后 x 值的变化情况如下。

第 1 次调用：调用前,x=1;调用后,x=2。

第 2 次调用：调用前,x=2;调用后,x=4。

第 3 次调用：调用前,x=4;调用后,x=8。

由此可得,s=1×2×4×8=64。

答案：D

【例 5.11】 有以下程序：

```
#include<stdio.h>
int a=2;
int f(int n)
{ static int a=3;
  int t=0;
  if(n%2){ static int a=4; t+=a++; }
  else { static int a=5; t+=a++; }
  return t+a++;
}
void main()
{ int s=a, i;
  for(i=0;i<3;i++) s+=f(i);
```

```
    printf("%d\n", s);
}
```

该程序的输出结果是(　　)。

    A. 26　　　　　　　B. 28　　　　　　　C. 29　　　　　　　D. 24

解析：C 语言中,不同范围内允许使用同名的变量,在引用时,如果局部范围内定义了变量,则局部引用,否则向外扩展引用。另外,static 型局部变量在编译时赋初值,在程序运行时已有初值,以后每次调用函数时不再为其重新赋初值,只保留上次调用结束时的值。auto 型局部变量在函数调用时赋初值,每调用一次函数都重新分配存储单元并赋初值。

本题中,在程序首部定义了全局变量 a,其作用域是整个程序;在函数 f() 的说明部分定义了 static 型局部变量 a,其作用域是函数 f() 的内部;在 if 和 else 后的复合语句内分别定义了 static 型局部变量 a,其作用域分别是定义它的复合语句。为了便于说明,函数 f() 的说明部分定义的变量 a 用 f_a 表示,if 后面的复合语句中定义的变量 a 用 if_a 表示,else 后面的复合语句中定义的变量 a 用 else_a 表示。程序的执行过程如下。

主函数中使用全局变量 a,s=2。

第 1 次调用：n=0,f_a=3,t=0。由于 n％2 的值为 0,执行 else 后的复合语句,else_a=5,t=0+else_a=5,else_a=6。返回 t+f_a 的值(8),f_a=4。

第 2 次调用：n=1,f_a=4,t=0。由于 n％2 的值为 1,执行 if 后的复合语句,if_a=4,t=0+if_a=4,if_a=5。返回 t+f_a 的值(8),f_a=5。

第 3 次调用：n=2,f_a=5,t=0。由于 n％2 的值为 0,执行 else 后的复合语句,else_a=6,t=0+else_a=6,else_a=7。返回 t+f_a 的值(11),f_a=6。

由此可得,s=2+8+8+11=29。

答案：C

【例 5.12】 函数 fun() 的功能是对形参 s 所指向的字符串中下标为奇数的字符按 ASCII 码值进行递增排序,并将排序后下标为奇数的字符取出,存入形参 p 所指向的字符数组中,形成一个新串。请填空。

```
#include<stdio.h>
void fun(char * s, char * p)
{ int i,j,n=0,x,t;
  for(i=0; s[i]!='\0'; i++)   n++;
  for(i=1;i<n-2;i=i+2)
  { ____①____ ;
    for(j=____②____;j<n;j=j+2)
      if(s[t]>s[j]) t=j;
    if(t!=i)
    { x=s[i]; s[i]=s[t]; s[t]=x; }
  }
  for(i=1,j=0;i<n;i=i+2,j++)   p[j]=s[i];
  p[j]=____③____ ;
}
```

解析：用字符数组名或指向字符串的指针变量作为函数参数,可以在被调用函数中修改主调函数中的字符串内容,其原因是实参和形参指向同一存储单元。

本题使用的排序算法是简单选择排序。根据简单选择排序的思想及函数结构,t 是存放最小元素下标的变量,初始值应为i,故①处应填写 t＝i。因为只对下标为奇数的字符进行排序,所以从下标i开始的第一次比较应是 s[i]与 s[i＋2]的比较,故②处应填写 i＋2 或 t＋2。把排序后下标为奇数的字符存入 p 所指向的字符数组后,应在尾部加上字符串结束标志'\0',故③处应填写'\0'。

答案：① t＝i　　　　　② i＋2 或 t＋2　　　　　③ '\0'

【例 5.13】 下列程序中,函数 select()的功能是从 N 行 M 列的二维数组中找出最大值。将最大值的地址作为函数返回值,并通过形参传回此最大值所在行的下标和列的下标。请填空。

```c
#include<stdio.h>
#define  N 3
#define  M 3
int * select(int a[N][M],int * n,int * m)
{ int i,j,row=0,col=0;
  for(i=0;i<N;i++)
    for(j=0;j<M;j++)
      if(a[i][j]>a[row][col]) {row=i;col=j;}
  * n=_____①_____;
  * m=col;
  return _____②_____;
}
void main()
{ int a[N][M]={9,11,23,6,1,15,9,17,20}, * max,n,m;
  max=select(_____③_____);
  printf("max=%d,row=%d,col=%d\n", * max,n,m);
}
```

解析：查找函数 select()的基本思路如下。用 row 和 col 分别存放最大值的行标和列标,初始时,把 a[0][0]看作临时最大值,即 row＝0,col＝0。然后用数组中的元素逐个与临时最大值 a[row][col]进行比较,若大于临时最大值,则用当前数组元素的下标(i,j)更新临时最大值下标(row,col)。最终得到的最大值是 a[row][col]。由于函数的返回值是最大值地址,因此②处应填写 ＆a[row][col]、*(a＋row)＋col 或 a[row]＋col,其中的 row 和 col 也可以分别用 * n 和 * m 替代。由于最大值的列标已存放到指针 m 指向的单元,因此最大值行标应存放到指针 n 指向的单元,即①处应填写 row。由于函数调用时函数实参的类型和个数一定要与形参的类型和个数保持一致,因此③处应填写 a,＆n,＆m。

答案：① row　　　② ＆a[row][col] 或 * (a＋row)＋col 或 a[row]＋col (其中的 row 和 col 也可以分别用 * n 和 * m 替代)　　　③ a,＆n,＆m

【例 5.14】　函数 fun()的功能是先找出 N 行 N 列矩阵各行中的最大数,再求出这 N 个最大数中的最小数。请填空。

```
#include<stdio.h>
#define  N 10
int fun(int (*a)[N])
{ int row,col,max,min;
  for(row=0;row<N;row++)
  { for(max=a[row][0],col=1;col<N;col++)
    if(    ①    ) max=a[row][col];
      if(row==0) min=max;
      else if(    ②    ) min=max;
  }
  return min;
}
```

解析:查找函数 fun()的基本思路如下。用 max 存放一行中的最大数,用 min 存放 N 个最大数中的最小数。对于矩阵的每一行,初始时把该行的第一个元素看作临时最大数,即 max=a[row][0],然后用 max 与该行后面的 N-1 个元素依次进行比较,若 max 较小,则用当前数组元素更新 max。如果当前行是第 1 行,则 min 的值就是 max 的值,否则用当前行最大数 max 与 min 进行比较,若 max 较小,则用 max 更新 min。由此可知,①处应填写 max<a[row][col](或 max<*(*(a+row)+col),或 max<*(a[row]+col)),②处应填写 max<min(或 min>max)。

答案:① max<a[row][col] 或 max<*(*(a+row)+col)或 max<*(a[row]+col)

② max<min 或 min>max

【例 5.15】　函数 fun()的功能是从形参 s 所指向的字符串中寻找与参数 c 相同的字符,并在其后插入一个与之相同的字符,若找不到相同的字符,则函数不做任何处理。

```
void fun(char *s, char c)
{ int i,j,n;
  for(i=0;s[i]!=    ①    ; i++)
    if(s[i]==c)
    { n=    ②    ;
      while(s[i+1+n]!='\0')  n++;
      for(j=i+n+1; j>i; j--) s[j+1]=s[j];
      s[j+1]=s[    ③    ];
      i=i+1;
    }
}
```

解析:函数 fun()的基本思路如下。从 s 所指向的字符串的第一个字符(s[0])开始顺序查找与 c 相同的字符,若找到与 c 相同的字符(s[i]),则统计 s[i]后面的字符的个数

(n),并将其后面的字符(包括'\0')依次后移一位,然后将找到的字符 s[i]插入空出的位置,再从插入字符的下一个字符开始,重复上述操作,直到查找到串尾('\0')为止。由此可知,①处应填写'\0',②处应填写 0,③处应填写 i(或 j)。

答案: ① '\0'   ② 0   ③ i 或 j

【**例 5.16**】 编写函数 fun(int n),其功能是用筛选法统计所有小于或等于 n(n<10000)的素数的个数。

解析:用筛选法得到小于或等于 n 的所有素数的方法如下。从数 2 开始,将所有 2 的倍数从数表中删除(把数表中相应位置的值置 0),然后从数表中查找下一个非 0 数,并从数表中删除该数的所有倍数,以此类推,直到搜索完整个数表为止。

```
int fun(int n)
{ int a[10000],i,j,count=0;
  for(i=2;i<=n;i++) a[i]=i;
  i=2;
  while(i<n)
  { for(j=a[i]*2;j<=n;j+=a[i]) a[j]=0;
    i++;
    while(i<n&&a[i]==0) i++;
  }
  for(i=2;i<=n;i++)
  if(a[i]!=0) count++;
  return count;
}
```

【**例 5.17**】 假设字符串中只包含字母和"＊"号。编写程序,通过函数调用方式删除字符串中除前导"＊"号之外的全部"＊"号。要求:不得使用 C 语言提供的字符串处理函数。

解析:设字符串的首地址为 a。首先统计前导"＊"号个数(i),然后从第一个非"＊"号字符(指针变量 p 指向)开始扫描,如果 p 指向的字符不为"＊"号,则执行 a[i++]=＊p,重复此操作,直到 p 指向的字符为'\0'为止。

```
#include<stdio.h>
void fun(char *a)
{ int i=0;char *p=a;
  while(*p&&*p=='*')
  { i++;p++;}
  while(*p)
  { if(*p!='*') { a[i]=*p;i++;}
    p++;
  }
  a[i]='\0';
}
void main()
```

```
{ char s[81];
  printf("Enter a string :\n");
  gets(s);fun(s);
  printf("The string after deleted:\n");
  puts(s);
}
```

【例 5.18】　编写函数 fun(int（＊t）[N]），其功能是将 N×N 矩阵以主对角线为对称线的对称元素相加并将结果存放在下三角元素中，同时将上三角元素置 0。

解析：对于下三角阵的每个元素 t[i][j]，执行操作 t[i][j]＝t[i][j]＋t[j][i]，同时将其对称元素 t[j][i] 置 0。

```
#include<stdio.h>
#define  N 4
void fun(int（＊t）[N])
{ int i,j;
  for(i=1;i<N;i++)
  { for(j=0;j<i;j++)
    { t[i][j]=t[i][j]+t[j][i];
      t[j][i]=0;
    }
  }
}
```

【例 5.19】　编写程序，通过函数调用方式统计长整型数 n 的各位上出现数字 1、2、3 的次数，并通过全局变量 c1、c2、c3 返回主函数。

解析：通过取余操作依次取出长整型数 n 各位上的数字并进行相应的操作即可。由于系统在编译时自动将数值型全局变量的值初始化为 0，所以对全局变量 c1、c2、c3 不必进行初始化。

```
#include<stdio.h>
int c1,c2,c3;
void fun(long n)
{ while(n)
  { switch(n%10)
    { case 1: c1++; break;
      case 2: c2++; break;
      case 3: c3++;
    }
    n/=10;
  }
}
void main()
{ long n=123114350L;
  fun(n);
```

```
      printf("\nThe result :\n");
      printf("n=%ld  c1=%d  c2=%d  c3=%d\n",n,c1,c2,c3);
}
```

【例 5.20】　编写程序,通过函数调用方式求出 s 所指向的字符串中最后一次出现 t 所指子字符串的地址。

解析:第一种方法是从字符串 s 的第一个字符开始查找子串 t,找到后保存新找到的子串的地址,重复此操作,直到字符串 s 的尾部('\0')为止。第二种方法是从串 s 的尾部开始向前查找子串 t,若找到,则返回指定位置的指针,否则返回空指针。

方法一:

```
#include<stdio.h>
char * fun(char * s,char * t)
{ char * p, * r, * a;
  a=NULL;
  while( * s)
  { p=s;r=t;
    while( * r&& * r== * p)
    { r++;p++;}
    if( * r=='\0') a=s;
    s++;
  }
  return a;
}
void main()
{ char s[100],t[100], * p;
  printf("\nPlease enter string S :"); scanf("%s",s );
  printf("\nPlease enter substring t :"); scanf("%s",t);
  p=fun(s,t);
  if(p) printf("\nThe result is:%s\n",p);
  else printf("\nNot found !\n" );
}
```

方法二(主函数与方法一相同):

```
char * fun(char * s,char * t)
{ char * p, * r, * a; int ns,nt;
  for(nt=0;t[nt];nt++);
  for(ns=0;s[ns];ns++);
  a=s+ns-nt;
  while(a>=s)
  { p=a; r=t;
    while( * r&& * p== * r)
    { p++; r++;}
    if( * r=='\0') return a;
```

```
        a--;
    }
    return NULL;
}
```

5.3　自测试题

1. 单项选择题

(1) 设函数 fun() 的定义形式为 void fun(char ch，float x)｛…｝，则以下对函数 fun() 的调用语句中正确的是(　　)。

  A. fun("abc",3.0)；   B. t＝fun('D',16.5)；

  C. fun(32,32)；   D. fun('65',2.8)；

(2) C 语言规定,函数返回值的类型由(　　)。

  A. 函数中 return 语句的表达式类型决定

  B. 函数定义时指定的类型决定

  C. 调用该函数时系统临时决定

  D. 主调函数的返回值类型决定

(3) 下面关于全局变量的描述中错误的是(　　)。

  A. 所有在函数体外定义的变量都是全局变量

  B. 全局变量可以和局部变量的名称相同

  C. 全局变量在第一次被引用时,系统为其分配内存

  D. 全局变量直到程序结束时才被释放

(4) 下面关于局部变量的描述中错误的是(　　)。

  A. static 型局部变量的作用域是当前文件

  B. 函数的形式参数是局部变量

  C. 在复合语句中定义的变量在该复合语句中有效

  D. 不同函数中可以定义名称相同的局部变量

(5) 下面关于函数参数的描述中不正确的是(　　)。

  A. 参数可以是指针类型   B. 形参应与对应的实参类型一致

  C. 形参可以是常量、变量或表达式 D. 实参可以是常量、变量或表达式

(6) 以下叙述中正确的是(　　)。

  A. 主函数 main() 的形参个数和形参名均可由用户指定

  B. 主函数 main() 的形参名只能是 argc 和 argv

  C. 当主函数 main() 带有形参时,传递给形参的值从调用它的函数得到

  D. 当主函数 main() 带有形参时,传递给形参的值只能从命令行中得到

(7) 若函数的形参是一个 M 行 N 列的二维整型数组,则错误的形参说明是(　　)。

  A. int a[M][]   B. int a[][N]   C. int (＊a)[N]   D. int a[M][N]

（8）若有如下定义和说明：

```
int (*pf)(int x);int fun(int x);
```

则正确的赋值语句是（　　）。

    A. *pf＝fun;   B. pf＝fun;   C. pf＝&fun;   D. pf＝fun();

（9）设有如下函数定义：

```
int fun(int k)
{ if(k<1) return 0;
  else if(k==1) return 1;
  else return fun(k-1)+1;
}
```

若执行调用语句：n＝fun(3);，则函数 fun() 总共被调用的次数是（　　）。

    A. 2   B. 3   C. 4   D. 5

（10）下列程序的输出结果是（　　）。

```
#include<stdio.h>
void swap1(int c0[],int c1[])
{ int t;t=c0[0];c0[0]=c1[0];c1[0]=t; }
void swap2(int *c0,int *c1)
{ int t;t=*c0; *c0=*c1; *c1=t; }
void main()
{ int a[2]={3,5},b[2]={3,5};
  swap1(a,a+1);swap2(&b[0],&b[1]);
  printf("%d %d %d %d\n",a[0],a[1],b[0],b[1]);
}
```

    A. 3 5 5 3   B. 5 3 3 5   C. 3 5 3 5   D. 5 3 5 3

2. 程序填空题

（1）函数 fun() 的功能是将 n 所指向的变量中的各位上为偶数的数去除，剩余的数按原来从高位到低位的顺序组成一个新的数，并通过形参指针 n 传回所指变量。

```
void fun(unsigned long *n)
{ unsigned long x=0,i=1;
  int t;
  while(*n)
  { t=*n%____①____;
    if(t%2!=0)
    { x=x+t*i; i=i*10; }
    *n=*n/10;
  }
  *n=____②____;
}
```

（2）函数 fun()的功能是将 s 所指向的字符串中的所有数字字符移动到所有非数字字符之后，并保持数字字符和非数字字符原有的先后次序。

```
void fun(char * s)
{ int i,j=0,k=0;
  char t1[80],t2[80];
  for(i=0;s[i]!='\0';i++)
    if(s[i]>='0'&&s[i]<='9')
    { t2[j]=s[i];    ①    ; }
    else  t1[k++]=s[i];
  t2[j]=0;t1[k]=0;
  for(i=0;i<k;i++)    ②    ;
  for(i=0;i<j;i++)  s[    ③    ]=t2[i];
}
```

（3）函数 fun()的功能是对 N×N 矩阵的外围元素顺时针旋转。操作顺序是：首先将第 1 行元素的值存入临时数组 r，然后使第 1 列成为第 1 行，最后一行成为第 1 列，最后一列成为最后一行，临时数组中的元素成为最后一列。

例如，若 N＝3，且有下列矩阵：

1	2	3
4	5	6
7	8	9

则计算结果为

7	4	1
8	5	2
9	6	3

```
#define  N  3
void fun(int (* t)    ①    )
{ int j,r[N];
  for(j=0;j<N;j++)  r[j]=t[0][j];
  for(j=0;j<N;j++)
    t[0][N-j-1]=t[j][0];
  for(j=0;j<N;j++)
    t[j][0]=t[N-1][    ②    ];
  for(j=N-1;j>=0;j--)
    t[N-1][N-1-j]=t[j][N-1];
  for(j=N-1;j>=0;j--)
    t[j][N-1]=r[    ③    ];
}
```

（4）函数 fun()的功能是在 ss 所指向的字符串数组中删除所有串长超过 k 的字符串，函数返回所剩字符串的个数。ss 所指向的字符串数组中共有 N 个字符串，且串长小于 M。

```
#include<string.h>
#define   N 5
#define   M 10
int fun(char ss[][M],int k)
{ int i,j=0,len;
  for(i=0;i<N;i++)
  { len=strlen(ss[i]);
    if(len<=_____①_____)
      strcpy(ss[j++],_____②_____);
  }
  return j;
}
```

3. 程序分析题
(1) 写出下列程序的运行结果。

```
#include<string.h>
#include<stdio.h>
void f(char * s, char * t)
{ char k;
  k=* s; * s=* t; * t=k;
  s++; t--;
  if(* s) f(s,t);
}
void main()
{ char str[10]="abcdefg", * p;
  p=str+strlen(str)/2+1;
  f(p,p-2);
  printf("%s\n",str);
}
```

(2) 写出下列程序的运行结果。

```
#include<stdio.h>
void fun(long s,long * t)
{ long sl=10;
  * t=s%10;
  while(s>0)
  { s=s/100; * t=s%10 * sl+ * t;sl=sl * 10; }
}
void main()
{ long s=7654321,t;
  fun(s, &t);
  printf("The result is: %ld\n", t);
}
```

（3）写出下列程序的运行结果。

```
#include<stdio.h>
int f1(int x,int y){return x>y?x:y;}
int f2(int x,int y){return x>y?y:x;}
void main()
{ int a=4,b=3,c=5,d=2,e,f,g;
  e=f2(f1(a,b),f1(c,d));
  f=f1(f2(a,b),f2(c,d));
  g=a+b+c+d-e-f;
  printf("%d,%d,%d\n",e,f,g);
}
```

（4）写出下列程序的运行结果。

```
#include<stdio.h>
int a=5;
int f(int n);
void main()
{ int a=3,s;
  s=f(a);s=s+f(a);
  printf("%d\n",s);
}
int f(int n)
{ static int a=1;
  n+=a++;
  return n;
}
```

（5）写出下列程序的运行结果。

```
#include<stdio.h>
#define   N 4
fun(int t[][N],int n)
{ int i,sum;
  sum=0;
  for(i=0;i<n;i++) sum+=t[i][i];
  for(i=0;i<n;i++) sum+=t[i][n-i-1];
  return sum;
}
void main()
{ int t[][N]={21,2,13,24,25,16,47,38,29,11,32,54,42,21,3,10};
  printf("%d",fun(t,N));
}
```

4. 程序设计题

(1) 通过函数调用方式求出所有的 4 位正整数中千位数加个位数等于百位数加十位数的数的个数,再求出所有满足此条件的 4 位数的平均值以及不满足此条件的 4 位数的平均值。

(2) 已知二维字符数组 ss 中共有 M 个串长小于 N 的字符串,求长度最短的字符串的串长及其行下标。

(3) 编写程序,通过函数调用方式计算下列公式的值$\left(\text{精确度要求为}\dfrac{|x^n|}{n!}<10^{-6}\right)$。

$$1+\sum_{i=1}^{n}(-1)^{(i+1)}\frac{x^i}{i!}$$

(4) 编写函数 fun(char * s,char * t1,char * t2,char * w),其功能是将 s 所指向的字符串中最后一次出现的与 t1 所指向的字符串相同的字符串替换成 t2 所指向的字符串,并将所形成的新字符串存放在 w 所指的数组中。要求:t1 和 t2 所指向的字符串的长度相同。

5.4 实验题目

(1) 有两个数组 a、b,各有 10 个元素,分别统计出两个数组对应元素大于(a[i]>b[i])、等于(a[i]=b[i])和小于(a[i]<b[i])的次数。

要求:通过函数调用方式,并分别使用数组元素、数组名和指针变量作为函数的参数。

(2) 编写程序,通过函数调用方式将一个 5×5 矩阵中的最大元素放在矩阵的中心,4 个角分别存放 4 个依次最小元素(按从左到右、从上到下的顺序从小到大放置)。

(3) 编写程序,计算下列函数的值。

$$f(x,y)=\frac{s(x)}{s(y)}$$

其中,$s(n)=\sum_{i=1}^{n}p(i)=p(1)+p(2)+\cdots+p(n)$,$p(i)=i!$。

要求:为函数 p(i)、s(n)、f(x,y)分别编写一个用户函数。

(4) n 个人按年龄从小到大站成一排,编号依次为 1~n,年龄都相差 2 岁,且第 1 个人的年龄是 10 岁,问第 n 个人的年龄是多大?

要求:通过函数递归调用方式实现。

(5) 找出 100 以内(含 100)所有满足 i、i+4 和 i+10 都是素数的整数 i(i+10 也要在 100 以内)的个数 cnt 以及这些 i 值之和 sum。

要求:通过一次函数调用完成。

(6) 输出 n×n 矩阵的最大值、最小值及其下标。

要求:通过函数调用方式且使用全局变量和指针作为函数参数这两种方法实现。

(7) 编写程序,通过函数调用方式判定 N×N(N 为奇数)矩阵是否是"幻方"。"幻方"的判定条件是矩阵的每行、每列、主对角线及次对角线上的元素之和都相等。

(8) 计算 $\sum_{i=1}^{n} \dfrac{i+1}{i!}$（精确度要求为 $\dfrac{n+1}{n!} < 10^{-6}$）。

要求：通过函数调用方式且使用静态局部变量实现。

(9) 已知 a、b 都为整型数,计算 a^b。

要求：主函数和计算 a^b 的函数存放在不同文件中,求 a^b 的函数为内部函数。

(10) 删除字符串中的指定字符。

要求：主函数和删除字符串中指定字符的函数存放在不同文件中,删除字符串中指定字符的函数为外部函数。

5.5　思考题

(1) 函数定义与函数引用说明的区别是什么?

(2) 如何通过一次函数调用获得多个值?

(3) 关键字 static 的作用是什么?

(4) 外部变量定义与外部变量引用声明的区别是什么?

(5) 若函数的形参说明为数组形式,则函数调用时是否为形参数组分配存储单元?

5.6　习题解答

1. 单项选择题

(1) C 语言中,如果对函数类型未加说明,则函数的隐含类型为(　　　)。

① double　　　　　② void　　　　　③ int　　　　　④ char

解答：函数类型即函数返回值类型,一般在定义函数时应加以说明。当未说明函数类型时,系统默认其为基本整型(int)。

答案：③

(2) 下面对函数的叙述中不正确的是(　　　)。

① 函数的返回值是通过函数中的 return 语句获得的

② 函数不能嵌套定义

③ 一个函数中有且只有一个 return 语句

④ 函数中没有 return 语句,并不是不带回值

解答：C 语言中,函数可以嵌套调用,但不能嵌套定义,故选项②正确。调用函数可以通过 return 语句得到一个返回值,故选项①正确。一个函数中可以有多个 return 语句,但调用函数执行到第一个 return 语句时将被中止并返回到主调函数,故选项③错误。一个函数中可以没有 return 语句,若函数类型为空类型(void),则在函数中不允许使用 return 语句,若函数类型不是空类型,且函数中没有 return 语句,则函数调用将返回一个不确定的值,故选项④正确。

答案：③

（3）用数组名作为函数调用时的实参,实际上传递给形参的是（　　　）。

　　① 数组全部元素的值　　　　　　　　② 数组首地址

　　③ 数组第一个元素的值　　　　　　　④ 数组元素的个数

解答：因为数组名代表数组存放的起始地址,且参数传递是赋值运算,所以传递给形参的是数组的首地址。此时,形参数组就是实参数组,在函数中对形参数组的操作就是对实参数组的操作。

答案：②

（4）下列对静态局部变量的叙述中不正确的是（　　　）。

　　① 静态局部变量在整个程序运行期间都不释放

　　② 在一个函数中定义的静态局部变量可以被另一个函数使用

　　③ 静态局部变量是在编译时赋初值的

　　④ 数值静态局部变量的初值默认为0

解答：静态局部变量在静态存储区分配存储单元,在整个程序运行期间不释放,但不能被其他函数引用。静态局部变量在编译时赋初值,如果在定义静态局部变量时没有赋初值,则编译程序自动为静态局部变量赋初值,数值型变量为0,字符型变量为'\0'。

答案：②

（5）函数调用语句"f((s1,s2),(s3,s4,s5));"中参数的个数是（　　　）。

　　① 1　　　　　　　　② 2　　　　　　　　③ 4　　　　　　　　④ 5

解答：f((s1,s2),(s3,s4,s5))中有两个参数,一个是逗号表达式(s1,s2),另一个是逗号表达式(s3,s4,s5)。

答案：②

（6）C语言中函数隐含的存储类别是（　　　）。

　　① auto　　　　　　② static　　　　　　③ extern　　　　　　④ register

解答：C语言中,函数的存储类别有静态型(static)和外部型(extern),分别表示函数为内部函数和外部函数。内部函数只能被它所在的文件中的函数调用,而外部函数则可以被整个程序其他文件中的函数调用。C语言规定,如果在定义函数时省略存储类别,则隐含的存储类别为外部型(extern)。

答案：③

（7）普通变量作为实参时,它和对应形参之间的数据传递方式是（　　　）。

　　① 地址传递

　　② 单向值传递

　　③ 由实参传递给形参,再由形参传递给实参

　　④ 由用户指定传递方式

解答：参数传递规则为实参表达式的值对应地单向传递给各个形参变量。普通变量是一个特殊的表达式,普通变量作为实参时,就是将该变量的值单向传递给对应的形参变量。

答案：②

(8) 若有以下定义和说明：

```
int fun(int * c) {…}
void main()
{ int ( * a)()=fun, * b(),w[10],c;
        ⋮
}
```

在必要的赋值之后，对函数 fun()的正确调用语句是(　　　)。

　　① a＝a(w);　　　　② (* a)(&c);　　　③ b＝ * b(w);　　　④ fun(b);

解答：a 是一个指向函数的指针变量，初始值为 fun，通过 a(w)调用函数 fun()是可以的，但函数 fun()的返回值是整型，不能赋给指针变量 a，故选项①错误。通过(* a)(&c)调用函数 fun()是可以的，故选项②正确。b 是一个返回值为整型指针的函数名，未与 fun 建立任何联系，无法调用函数 fun()，故选项③错误。用 fun 本身调用函数 fun()是正确的，但用函数名(b)作为实参是不正确的，因为函数 fun()的形参是一个整型指针变量，只能接收一个整型变量的地址或数组名，故选项④错误。

答案：②

(9) 若函数定义如下：

```
char * fun(char * p)
{ return p; }
```

则该函数的返回值是(　　　)。

　　① 无确定值　　　　　　　　　② 形参 p 中存放的地址值

　　③ 一个临时存储单元的地址　　④ 形参 p 自身的地址值

解答：函数的返回值是形参变量 p 的值，p 的值是函数调用时实参传递给它的地址值。

答案：②

(10) 要求函数的功能是交换 x 和 y 的值，且通过正确的函数调用返回交换结果。能正确执行此功能的函数是(　　　)。

```
① funa(int * x,int * y)
   { int * p;
    * p＝ * x; * x＝ * y; * y＝ * p;
   }
② funb(int x,int y)
   { int t;
     t＝x;x＝y;y＝t;
   }
③ func(int * x,int * y)
   { * x＝ * y; * y＝ * x;}
```

④ fund(int * x,int * y)

```
{ * x= * x+ * y; * y= * x- * y; * x= * x- * y;}
```

解答：将两个变量的值交换并返回交换的结果,选项①可以完成,但函数 funa()中的指针变量 p 指向不明确, * p= * x 将会有警告错误,执行时可能会出现系统问题,故选项①不可取。选项②未用指针作为参数,其中的 x、y、t 都是局部变量,函数调用结束后将自动释放空间,结果不能带返回。选项③中没有交换语句,赋值覆盖,返回的结果都是 y 指向的值。选项④中的交换语句是正确的,将两个数的和赋值给 * x,从中去除 * y 的值后就是原来的 * x 值,赋值给 * y,再从中去除 * x 的值后就是原来的 * y 的值,赋值给 * x,便完成了两个数的交换。

答案：④

2. 程序分析题

(1) 下列函数的功能是什么？

```
void ch(int * p1,int * p2)
{ int p;
  if( * p1> * p2) {p= * p1; * p1= * p2; * p2=p; }
}
```

解答：因为是指针作为参数,所以改变的结果会通过参数被返回。

答案：将两个指针变量指向的数据按值递增的顺序排列。

(2) 下列函数的功能是什么？

```
float av(float a[],int n)
{ int i;float s;
  for(i=0,s=0;i<n;i++) s=s+a[i];
  return(s/n);
}
```

解答：先求数组 a 的前 n 个元素的和,然后返回其平均值。n 不一定是数组的全部元素的个数。

答案：求数组 a 的前 n 个元素的平均值。

(3) 写出下列程序的运行结果。

```
#include "stdio.h"
unsigned fun(unsigned num)
{ unsigned k=1;
  do {k * =num%10;num/=10;}while(num);
  return k;
}
void main()
{ unsigned n=26;
  printf("%d\n",fun(n));
}
```

解答：函数 fun()的功能是计算一个整数(num)中的各位数字的乘积。

答案：12

（4）写出下列程序的运行结果。

```
#include "stdio.h"
long fib(int n)
{ if(n>2) return(fib(n-1)+fib(n-2));
  else return(2);
}
void main()
{ printf("%ld\n",fib(5)); }
```

解答：函数 fib()的功能是计算 Fibonacci 序列第 n 项的值,每项的值为其前两项之和,其中数列的第 1 项和第 2 项的值都为 2。

答案：10

（5）写出下列程序的运行结果。

```
#include "stdio.h"
void fun(char * s)
{ char t, * p, * q;
  p=s;q=s;
  while( * q) q++;
  q--;
  while(p<q)
  { t= * p++; * p= * q--; * q=t; }
}
void main()
{ char a[]="ABCDEFG";
  fun(a);puts(a);
}
```

解答：复合语句"{t= * p++; * p= * q－－; * q=t;}"等价于"{t= * p;p++; * p= * q;q－－; * q=t;}",即完成相应的赋值后移动指针。因此,该语句的功能不是交换两个变量的值。

答案：AGAAGAG

（6）写出下列程序的运行结果。

```
#include "stdio.h"
int f(int a)
{int b=0;
  static c=3;
  a=c++,b++;
  return a;
}
void main()
```

```
{ int a=2,i,k;
  for(i=0;i<2;i++)
  k=f(a++);
  printf("%d\n",k);
}
```

解答：主函数 main()中的变量 a 和函数 f()中的变量 b 都是干扰项,不用考虑。函数 f()中的变量 c 是一个静态局部变量,其初始化只进行一次,函数调用结束后,其值改变的结果将被保留。函数 f()被调用两次,第一次的返回值为 3,第二次的返回值为 4。在主函数 main()中,"k=f(a++);"为 for 的循环体语句,退出循环后只保留最后一次的赋值结果。

答案：4

（7）写出下列程序的运行结果。

```
#include "stdio.h"
int a=100;
void fun()
{ int a=10;
  printf("%d\n",a);
}
void main()
{ printf("%d\n",a++);
  { int a=30;
    printf("%d\n",a);
  }
  fun();
  printf("%d\n",a);
}
```

解答：在程序中,变量 a 定义在不同的位置,其作用域是不同的。全局变量 a 的值为 100,作用域从定义点开始至程序末尾。函数 fun()中局部变量 a 的值为 10,其作用域为函数 fun()内部。主函数 main()中局部变量 a 的值为 30,其作用域为其所在的复合语句。若在同一个作用域内有同名变量,则复合语句中的局部变量将屏蔽同名的其他变量,局部变量将屏蔽同名的全局变量。

答案：100
　　　　30
　　　　10
　　　　101

（8）写出下列程序的运行结果。

```
#include "stdio.h"
char * fun(char * s,char c)
{ while(* s&& * s!=c) s++;
  return s;
```

```
}
void main()
{ char * s="abcdefg",c='c';
  printf("%s",fun(s,c));
}
```

解答：函数 fun() 的功能是在一个字符串中查找指定字符 c 出现的位置,并返回该字符的地址。在主函数 main() 中输出该字符及其后面的全部字符。

答案：cdefg

(9) 有以下程序,所生成的可执行文件为 f1.exe,运行时若从键盘输入：f1 abc bcd,则输出结果是什么?

```
#include "stdio.h"
void main(int argc ,char * argv[])
{ while(argc>1)
  { printf("%c", * ( * (++argv)));
    argc--;
  }
}
```

解答：该程序为命令行参数,其功能是输出除命令名本身之外的其他各个参数的首字符。

答案：ab

(10) 写出下列程序的运行结果。

```
#include "stdio.h"
void ast(int x,int y,int * cp,int * dp)
{ * cp=x+y;
  * dp=x-y;
}
void main()
{ int a,b,c,d;
  a=4;b=3;
  ast(a,b,&c,&d);
  printf("%d %d\n",c,d);
}
```

解答：该程序的功能是计算两个整数的和与差,采用的方法是使用指针作为函数参数。

答案：7　1

3. 程序填空题(在下列程序的_____处填上正确的内容,使程序完整)

(1) 下列程序使用指向函数的指针变量调用函数 max() 求最大值。

```
#include "stdio.h"
void main()
{ int max(int x,int y);
```

```
    int (*p)(int x,int y);
    int a,b,c;
    p=_____①_____;
    scanf("%d  %d",&a,&b);
    c=_____②_____;
    printf("a=%d  b=%d  max=%d",a,b,c);
}
int max(int x, int y)
{ int z;
  if(x>y)  z=x;
  else z=y;
  return(z);
}
```

解答：C 语言中，可以利用指向函数的指针变量调用函数，函数调用的一般形式为

(＊指针变量名)([实参表列])

或

指针变量名([实参表列])

利用指向函数的指针变量调用函数前，应先将函数的入口地址赋给指针变量。因为函数名代表函数入口地址，所以①处应填 max。②处是函数调用，根据利用指向函数的指针变量调用函数的一般形式，②处应填(＊p)(a,b)或 p(a,b)。

答案：① max   ② (＊p)(a,b)或 p(a,b)

（2）下列函数为二分法查找 key 值。数组中的元素值已递增排序，若找到 key，则返回对应的下标，否则返回−1。

```
int binary(int a[],int n,int key)
{ int   low,high,mid;
  low=0;
  high=n-1;
  while(_____①_____)
  { mid=(low+high)/2;
    if(key<a[mid])
       _____②_____;
    else if(key>a[mid])
         _____③_____;
        else return(mid);
  }
  return (-1);
}
```

解答：二分查找法是一种非常著名的查找方法，查找效率非常高，它采用区间折半的方法对给定值进行查找，所以也称折半查找法。当给定值小于当前值时，在整个区间的左半区进行查找，否则在右半区进行查找，如此反复进行。若找到则返回所在下标，否则返

回一个失败的标志,通常为 0 或 −1。既然是区间折半,则存放数据的区间一定是连续存储的(数组结构)。另外,为了正常地缩小区间,数组内的数据必须是递增(或递减)有序排列的。

该程序中,low 代表区间下界,high 代表区间上界,查找条件是 low 不大于 high,所以①处应填 low<=high。mid 为查找区间中间元素下标,关键字 key 与 a[mid]进行比较,若相等,则返回下标 mid;若 key 小于 a[mid],则区间上界变为 mid−1;若 key 大于 a[mid],则区间下界变为 mid+1。由此可知,②处应填 high=mid−1,③处应填 low=mid+1。

答案:① low<=high　　② high=mid−1　　③ low=mid+1

(3) 下列函数是将 b 字符串连接到 a 字符串的后面,并返回 a 中新字符串的长度。

```
int strcen(char a[],char b[])
{ int num=0,n=0;
  while( * (a+num)!=_____①_____) num++;
  while(b[n])
  { * (a+num)=b[n];
    num++;
    _____②_____;
  }
  * (a+num)='\0';
  return(num);
}
```

解答:先确定 a 字符串结束标志'\0'的下标(num),然后将 b 字符串中的字符依次复制到字符串 a 的后面。

答案:① '\0'　　② n++(或++n,或 n+=1,或 n=n+1)

(4) 以下函数 fun()的功能是将形参 x 的值转换成二进制数,所得二进制数的每一位数存放在一维数组中返回,二进制数的最低位放在 0 下标处,其他位依次递增。

```
int fun(int x,int b[])
{ int k=0,r;
  do
  { r=x%_____①_____;
    b[k++]=r;
    x/=_____②_____;
  }while(x);
  return k-1;
}
```

解答:十进制整数转换成二进制数的方法是除 2 取余数,然后将余数倒排。按题目的规定,无须倒排,只须按取出的顺序将余数存放到数组中即可。

答案:① 2　　　② 2

(5) 下列函数用来在 w 数组中插入 x。n 所指向的存储单元中存放 w 数组中字符的个数。数组 w 中的字符已按从小到大的顺序排列,插入后数组 w 中的字符仍有序。

```
void fun(char * w,char x,int * n)
{ int i,p;
  p=0;
  while(x>w[p]) p++;
  for(i= * n;i>p;i--) w[i]=_____;
  w[p]=x;
  ++ * n;
}
```

解答:while 语句用来顺序查找 x 的插入位置 p;for 语句用来将从 p 开始的字符依次后移一个位置;最后两个语句用来将 x 插入指定位置,并修改数组的长度。

答案:w[i−1]或 * (w+i−1)

4. 程序改错题(下列每段程序中各有一个错误,请找出并改正)

(1) 函数 fun()的功能是计算 $1+\dfrac{1}{2}+\dfrac{1}{3}+\cdots+\dfrac{1}{m}$。

```
fun(int m)
{ double t=1.0;
  int i;
  for(i=2;i<=m;i++)
    t+=1.0/i;
  return t;
}
```

解答:在 C 语言中,若定义函数时省略函数返回值类型,则系统默认为 int;若 return 语句中表达式值的类型与定义函数时的返回值类型不一致,则以定义函数时的类型为准。

答案:

错误行:fun(int m)

改正为:double fun(int m)

(2) 函数 str_space()的功能是统计字符串中的空格数。

```
void str_space(char * str,int * num)
{ * num=0;
  while( * str!='\0')
  if( * str++==' ')  num++;
}
```

解答:num 是指针变量,其指向的单元存放统计结果。

答案:

错误行:if(* str＋＋＝＝'') num＋＋;

改正为:if(* str＋＋＝＝'') (* num)＋＋;

(3) 函数 fun()的功能是将 a 所指字符串中的字符和 b 所指字符串中的字符按排列

的顺序交叉合并到 c 所指数组中,过长的剩余字符连接在 c 所指数组的尾部。

```
void fun(char a,char b,char c)
{ while( * a&& * b)
  { * c= * a;c++;a++;
    * c= * b;c++;b++;
  }
  if( * a=='\0')
    while( * b){ * c= * b;c++;b++;}
  else
    while( * a){ * c= * a;c++;a++; }
  * c='\0';
}
```

解答:因为函数处理的是 3 个字符串,而不是 3 个字符,所以函数参数表有错误。
答案:
错误行: void fun(char a,char b,char c)
改正为: void fun(char * a,char * b,char * c)

(4) 函数 fun()的功能是在串 s 中查找子串 t 的个数。

```
int fun(char * s, char * t)
{ int n;char * p, * r;
  n=0;
  while( * s)
  { p=s;r=t;
    while( * s&& * r)
      if( * r== * p ) { r++;p++;}
      else  break;
    if(r=='\0') n++;
    s++;
  }
  return n;
}
```

解答:该函数的方法是从串 s 的第一个字符开始依次与串 t 的字符进行比较,若串 t 的结束标志\0'之前的对应字符都相等,则找到,计数加 1,否则从串 s 的下一个字符开始依次与串 t 进行比较,如此重复,直到串 s 结束。
答案:
错误行: if(r= =\0') n++;
改正为: if(* r= =\0') n++;

(5) 函数 my_cmp()的功能是比较字符串 s 和 t 的大小,当 s 等于 t 时返回 0,否则返回 s 和 t 的第一个不同的字符的 ASCII 码值的差,即当 s>t 时返回正值,当 s<t 时返回负值。

```
int my_cmp(char * s, * t)
{ while( * s== * t)
  { if( * s=='\0') return(0);
    s++;t++;
  }
  return( * s- * t);
}
```

解答：定义函数时,函数形式参数表的格式为

类型 1 参数 1, 类型 2 参数 2, …

即每个参数都必须独立说明其类型,即使类型相同的参数,也必须独立说明。

答案：

错误行：int my_cmp(char * s, * t)

改正为：int my_cmp(char * s,char * t)

5. 程序设计题

(1) 编写程序,通过函数调用方式计算 $y=|x|$。

解答：用普通变量作函数参数,既可用分支语句实现,也可用条件表达式实现。

方法一(单分支语句)：

```
float absx(float x)
{ if(x<0) x=-x;
  return x;
}
```

方法二(双分支语句)：

```
float absx(float x)
{ float y;
  if(x<0) y=-x;
  else y=x;
  return y;
}
```

方法三(条件表达式)：

```
float absx(float x)
{ return x>0?x:-x;
}
```

主函数

```
#include "stdio.h"
void main()
{ float a,b;
  scanf("%f",&a);
```

```
    b=absx(a);
    printf("%f\n",b);
}
```

（2）编写程序，通过函数调用方式判断一个数是否为素数。

解答：用普通变量作函数参数。判断一个数 m 是否为素数的方法有 3 种：一是检查 2～m−1 是否存在整除 m 的数；二是检查 2～m/2 是否存在整除 m 的数；三是检查 2～$\sqrt{m}$ 是否存在整除 m 的数。

```
#include "stdio.h"
int isprim(int m)
{ int i,k;
  k=m-1;              /* 或 k=m/2;或 k=sqrt(m);
                         /* 用 sqrt()时要有文件包含#include "math.h" */
  for(i=2;i<=k;i++)
    if(m%i==0) return 0;
  return 1;
}
void main()
{ int a,b;
  scanf("%d",&a);
  b=isprim(a);
  if(b) puts("Yes!");
  else puts("No!");
}
```

（3）编写程序，通过函数调用方式计算字符串的长度。

解答：用一维字符数组或字符指针变量作函数参数。从第一个字符开始计数，直到'\0'为止。既可以用循环实现，也可以用递归实现。

方法一（循环）：

```
int length(char s[])              /* char s[]等价于 char * s */
{ int i;
  for(i=0;s[i]!='\0';i++);        /* 末尾的分号表明循环体是空语句 */
  return i;
}
```

方法二（递归）：

```
int length(char * s)
{ if(* s=='\0')  return 0;        /* 空串长度为 0 */
  else return 1+length(s+1);      /* 非空串长度至少为 1,s+1 代表后继串地址 */
}
```

主函数

```
#include "stdio.h"
```

```
void main()
{ char str[80];
  gets(str);
  printf("Len=%d\n",length(str));
}
```

(4) 编写程序,通过函数调用方式删除字符串中的非英文字符。

解答:用一维字符数组或字符指针变量作函数参数。将字符数组中的英文字符依次移到数组的前面,然后在最后一个英文字符的后面加上'\0'即可。在判断一个字符是否为英文字符时,可使用系统函数 isalpha(),使用时要有文件包含♯include "ctype.h"。

方法一(用下标法引用数组元素):

```
void delno(char s[])         /* char s[]等价于 char * s */
{ int i=0,j=0;
  while(s[j]!='\0')
    if(s[j]>='A'&&s[j]<='Z'||s[j]>='a'&&s[j]<='z')  s[i++]=s[j++];
    else j++;
  s[i]='\0';
}
```

方法二(用指针变量法引用数组元素):

```
#include "ctype.h"
void delno(char s[])
{ char * p, * q;
  p=q=s;
  while( * q)
    if(isalpha( * q)) * p++= * q++;
    else q++;
  * p='\0';
}
```

主函数

```
#include "stdio.h"
void main()
{ char str[80];
  gets(str);
  delno(str);
  puts(str);
}
```

(5) 编写程序,通过函数调用方式将 n×n 矩阵转置。

解答:用二维数组或指向一维数组的指针变量作函数参数。实现 n×n 矩阵转置的最简单方法是交换对称元素的值。其中,一种方法是扫描下三角,将其中的每个元素与上三角的对称元素交换;另一种方法是扫描上三角,将其中的每个元素与下三角的对称元素交换。

方法一：

```
#define N 4
void revArray(int a[][N])            /* int a[][N]等价于 int (*a)[N] */
{ int i,j,t;
  for(i=1;i<N;i++)
    for(j=0;j<i;j++)
    { t=a[i][j];a[i][j]=a[j][i];a[j][i]=t;}
}
```

方法二：

```
#define N 4
void revArray(int a[][N])
{ int i,j,t;
  for(i=0;i<N-1;i++)
    for(j=i+1;j<N;j++)
    { t=a[i][j];a[i][j]=a[j][i];a[j][i]=t;}
}
```

主函数

```
#include "stdio.h"
void main()
{ int a[N][N],i,j;
  for(i=0;i<N;i++)
    for(j=0;j<N;j++)
      scanf("%d",a[i]+j);
  revArray(a);
  for(i=0;i<N;i++)
  { for(j=0;j<N;j++)
      printf("%5d",a[i][j]);
    printf("\n");
  }
}
```

（6）编写程序，通过函数调用方式将一个整数逆置。例如，123 逆置后为 321。

解答：用整型变量 x 作函数参数。从个位开始依次取出 x 的每一位 t，利用公式 $y=10y+t$ 得到 x 的逆置 y（y 的初值为 0）。既可以用循环实现，也可以用递归实现。

方法一（用循环实现）：

```
int reva(int a)
{ int b=0;
  while(a)
  { b=b*10+a%10;a/=10;}
```

```
      return b;
  }
```

方法二(用递归实现):

```
int reva(int a)
{ static int b=0;
  if(a) { b=b*10+a%10; reva(a/10); }
  return b;
}
```

主函数

```
#include "stdio.h"
void main()
{ int m,n;
  scanf("%d",&m);
  n=reva(m);
  printf("%d\n",n);
}
```

(7) 编写程序,通过函数调用方式统计字符串中各个数字字符出现的次数。

解答:用一维字符数组(或指针变量)s 和一维整型数组(或指针变量)d 作函数的参数。从字符数组 s 中的第一个字符开始,若当前字符为数字字符,则计数数组 d 中的对应元素值加 1,重复此操作,直到'\0'为止。

```
#include "stdio.h"
void countd(char s[],int d[])        /* char s[],int d[]等价于 char *s,int *d */
{ int i;char *p;
  for(i=0;i<10;i++)   d[i]=0;
  p=s;
  while(*p)
  { if(*p>='0'&&*p<='9') d[*p-'0']++;
    p++;
  }
}
void main()
{ char str[80]; int a[10],i;
  gets(str);
  countd(str,a);
  for(i=0;i<10;i++)
    printf("%d-->%d\n",i,a[i]);
}
```

在判断一个字符是否为数字字符时,可以使用系统函数 isdigit(),使用时要有文件包含#include "ctype.h"。

(8) 编写程序,通过函数调用方式计算 n×n 矩阵中各行最小数之和。

解答:用二维数组作函数的参数。依次求出二维数组每一行的最小数,并累加到存放最小数和的变量中。

```c
#include "stdio.h"
#define N 4
int addn(int a[][N])    /* int a[][N]等价于 int (*a)[N] */
{ int i,j,min,s=0;
  for(i=0;i<N;i++)
  { min=a[i][0];
    for(j=1;j<N;j++)
      if(min>a[i][j]) min=a[i][j];
    s+=min;
  }
  return s;
}
void main()
{ int a[N][N],i,j,sum;
  for(i=0;i<N;i++)
    for(j=0;j<N;j++)
      scanf("%d",a[i]+j);        /* 也可以用 &a[i][j]或 *(a+i)+j */
  sum=addn(a);
  printf("Mins=%d\n",sum);
}
```

(9) 编写程序,通过函数调用方式输出 a~b 的回文数。回文数是指这个数逆置后不变。例如,121 就是回文数。

解答:用整型变量 x 作函数参数。从个位开始依次取出 x 的每一位 t,利用公式y=10y+t 得到 x 的逆置 y(y 的初值为 0)。

```c
#include "stdio.h"
int ishw(long a)                 /* 判断一个整数是否是回文数 */
{ long x=a,y=0;
  while(x)
  { y=y*10+x%10; x/=10; }
  if(a==y)   return 1;
  else return 0;
}
void prnhw(long a,long b)         /* 输出两个正整数之间的所有回文数 */
{ while(a<=b)
  { if(ishw(a))  printf("%ld\t",a);
    a++;
  }
}
```

```
void main()
{ long int a,b;
  do
  { printf("Input a&b:");
    scanf("%ld%ld",&a,&b);
  }while(a>b);
  prnhw(a,b);
}
```

(10) 编写程序,通过函数调用方式将一个十进制数转换成相应的二进制数。

解答: 用整型变量 d、一维整型数组(或指针变量)b 和整型指针变量 n 作函数参数。用辗转相除法将十进制数 d 与 2 的余数依次存入数组 b,并用 *n 存放数组 b 中值的个数,最后将 b 中的值逆置即可。既可以用循环实现,也可以用递归实现。

方法一(用循环实现):

```
void dtob(int d,int b[],int * n)    /* 将结果存入数组 b,并记录存入的元素个数 */
{ int i,j,t;
  * n=0;
  while(d)
  { b[( * n)++]=d%2;
    d/=2;
  }
  i=0;j= * n-1;                      /* 存入数组中的二进制数是颠倒的,需要逆置 */
  while(i<j)
  { t=b[i]; b[i]=b[j]; b[j]=t;
    i++; j--;
  }
}
```

方法二(用递归实现):

```
void dtob(int d,int b[],int * n)
{ if(d)
  { dtob(d/2,b,n);
    b[( * n)++]=d%2;                 /* * n 的初值要在主调函数中给定 */
  }
}
```

主函数

```
#include "stdio.h"
void main()
{ int a,b[16],i,j=0;
  scanf("%d",&a);
  dtob(a,b,&j);
  for(i=0;i<j;i++)
```

```
    printf("%d",b[i]);
  printf("\n");
}
```

(11) 编写程序,通过函数调用方式统计一个英文句子中最长的单词的字符数。

解答:用一维字符数组或指针变量作函数参数。单词之间的分隔符是空格,从第 1 个非空格字符开始到下一个空格之前的字符序列就是一个单词。从第一个字符开始依次统计每个单词的长度,并记录已统计的最长单词的字符数。

```
#include "stdio.h"
int chanum(char * s)                    /* char * s 等价于 char s[] */
{ char * p; int len=0,n;
  p=s;
  while(* p)
  { while(* p&&* p==' ') p++;
    n=0;
    while(* p&&* p!=' ') { n++; p++;}
    if(len<n) len=n;
  }
  return len;
}
void main()
{ char str[80];
  gets(str);
  printf("Maxlen=%d\n",chanum(str));
}
```

(12) 编写程序,通过函数调用方式将一个整数转换成字符串。例如,整数 123 对应的字符串为"123"。

解答:用整型变量 d 和一维字符数组或指针变量 s 作函数参数。由低位到高位依次取出 d 的每一位,将其转换为对应的字符(加 48)并依次存入字符数组 s 中,加上字符串结束标志'\0'后再逆置即可。既可以用循环实现,也可以用递归实现。

方法一(用循环实现):

```
#include "string.h"
void dtos(int d, char s[])
{ int i=0,j; char c;
  while(d)
  { s[i++]=d%10+'0';d/=10;}
  s[i]='\0';
  i=0;j=strlen(s)-1;
  while(i<j){ c=s[i];s[i]=s[j];s[j]=c;i++,j--;}
}
```

方法二(用递归实现):

```
void dtos(int d, char * s)
{ static int i=0;
  if(d)
  { dtos(d/10,s);s[i++]=d%10+'0'; }
  s[i]='\0';
}
```

主函数

```
#include "stdio.h"
void main()
{ int m; char str[80];
  scanf("%d",&m);
  dtos(m,str);
  puts(str);
}
```

(13) 编写程序,用递归函数将一维数组 a 中的前 k 个元素逆置。

解答:用普通变量 k 和一维整型数组 a 作函数参数。递归项是先交换 a[0] 和 a[k-1] 的值,再将一维数组 a+1 中的前 k-2 个元素逆置;递归结束条件是 k 的值为 1。

```
#include "stdio.h"
void revert(int a[],int k)          /* int a[]等价于 int * a */
{ int t;
  if(k>1)
  { t=a[0];a[0]=a[k-1];a[k-1]=t; revert(a+1,k-2); }
}
#define N 10
void main()
{ int aa[N],i,k;
  printf("Input %d integers:",N);
  for(i=0;i<N;i++) scanf("%d",aa+i);
  printf("Input k(0-%d):",N);
  scanf("%d",&k);
  revert(aa,k);
  for(i=0;i<N;i++) printf("%5d",aa[i]);
  printf("\n");
}
```

(14) 编写程序,通过函数调用方式将 n×m 矩阵按行逆置。

解答:用二维数组作函数参数。对于数组的每一行,第 1 个元素与第 m 个元素交换,第 2 个元素与第 m-1 个元素交换,以此类推,共交换 m/2 次。

```
#include "stdio.h"
#define N 3
#define M 5
```

```
void reva(int a[][M])          /* int a[][M]等价于 int (*a)[M] */
{ int i,j,k,t;
  for(k=0;k<N;k++)
  { i=0;j=M-1;
    while(i<j)
    { t=a[k][i];a[k][i]=a[k][j];a[k][j]=t;i++;j--; }
  }
}
void main()
{ int a[N][M],i,j;
  for(i=0;i<N;i++)
    for(j=0;j<M;j++)
      scanf("%d",a[i]+j);
  reva(a);
  for(i=0;i<N;i++)
  { for(j=0;j<M;j++)
      printf("%5d",a[i][j]);
    printf("\n");
  }
}
```

(15) 编写程序,通过函数调用方式将 n×m 矩阵中满足下列条件的数及其所在的行标和列标输出。该数是所在行的最小值,又是所在列的最大值,即"鞍点"。

解答:用二维数组作函数参数。寻找鞍点最直接的方法是先在一行中找出最小值元素,然后检查该元素是否是其所在列的最大值元素。

```
#include "stdio.h"
#define N 3
#define M 5
void saddle(int a[][M])          /* int a[][M]等价于 int (*a)[M] */
{ int v,m,n,i,j,k,flag=0;
  for(i=0;i<N;i++)
  { v=a[i][0];m=i;n=0;
    for(j=1;j<M;j++)
      if(v>a[i][j]) {v=a[i][j];n=j; }
    for(k=n;k<M;k++)
    { if(a[i][k]==v)
      { for(j=0;j<N;j++)
          if(v<a[j][k]) break;
        if(j>=N)
        { printf("v=%d,m=%d,n=%d\n",v,m,k);flag=1; }
      }
      else continue;
    }
```

```
    }
    if(!flag) printf("Not exist\n");
}
void main()
{ int a[N][M],i,j;
  for(i=0;i<N;i++)
    for(j=0;j<M;j++)
      scanf("%d",a[i]+j);
  saddle(a);
}
```

5.7 自测试题参考答案

1. 单项选择题

(1) C   (2) B   (3) C   (4) A   (5) C   (6) D   (7) A

(8) B   (9) B   (10) D

2. 程序填空题

(1) ① 10   ② x

(2) ① j++(或++j,或j+=1,或j=j+1)

　　 ② s[i]=t1[i](或 *(s+i)= *(t1+i))   ③ k+i

(3) ① [N]   ② j   ③ j

(4) ① k   ② ss[i](或 *(ss+i))

3. 程序分析题

(1) gfedcba   (2) The result is：7531   (3) 4,3,7   (4) 9   (5) 203

4. 程序设计题

(1)

```
#include<stdio.h>
jsValue(float * pjz1,float * pjz2)
{ int i,gw,sw,bw,qw,cnt=0,cnt2=0;
  * pjz1=0; * pjz2=0;
  for(i=1000;i<=9999;i++)
  { gw=i%10;sw=i/10%10;bw=i/100%10;qw=i/1000;
    if((qw+gw)==(sw+bw)) { cnt++; * pjz1+=i; }
    else { cnt2++; * pjz2+=i; }
  }
  if(cnt==0) pjz1=0; else * pjz1/=cnt;
  if(cnt2==0) pjz2=0;else * pjz2/=cnt2;
  return cnt;
}
```

```
void main()
{ int cnt;
  float pjz1,pjz2;
  cnt=jsValue(&pjz1,&pjz2);
  printf("cnt=%d\n pzj1=%7.2f\n pzj2=%7.2f\n",cnt,pjz1,pjz2);
}
```

（2）

```
#include<stdio.h>
#include<string.h>
#define M 5
#define N 20
int fun(char (* ss)[N],int * n)
{ int i,k=0,len=N;
  for(i=0;i<M;i++)
  { len=strlen(ss[i]);
    if(i==0) * n=len;
    if(len< * n) { * n=len;k=i; }
  }
  return k;
}
void main()
{ char ss[M][N]={"shanghai","guangzhou","beijing","tianjing","chongqing"};
  int n,k,i;
  printf("\nThe original strings are :\n");
  for(i=0;i<M;i++) puts(ss[i]);
  k=fun(ss,&n);
  printf("\nThe length of shortest string is: %d\n",n);
  printf("\nThe shortest string is: %s\n",ss[k]);
}
```

（3）

```
#include<stdio.h>
#include<math.h>
double fun(double x)
{ double f,t; int n;
  f=1.0+x;t=x; n=1;
  do
  { n++;t * = (-1.0) * x/n;f+=t; }while(fabs(t)>=1e-6);
  return f;
}
void main()
{ double x, y;
  x=2.5;
```

```
  y=fun(x);
  printf("\nThe result is:\n");
  printf("x=%-12.6f y=%-12.6f\n",x,y);
}
```

(4)

```
#include<stdio.h>
#include<string.h>
void fun(char * s, char * t1, char * t2, char * w)
{ int i;char * p, * r, * a;
  strcpy(w,s);
  while( * w)
  { p=w;r=t1;
    while( * r)
      if( * r== * p) { r++;p++; }
      else break;
    if( * r=='\0') a=w;
    w++;
  }
  r=t2;
  while( * r){ * a= * r; a++; r++; }
}
```

5.8 实验题目参考答案

(1)

① 数组元素作函数参数。

```
#include<stdio.h>
int fun(int x,int y)
{ if(x>y) return 1;
  if(x==y) return 0;
  return -1;
}
#define N 10
void main()
{ int a[N],b[N],i,large,equal,small,flag;
  large=equal=small=0;
  printf("Input array a:\n");
  for(i=0;i<N;i++) scanf("%d",a+i);
  printf("Input array b:\n");
  for(i=0;i<N;i++) scanf("%d",b+i);
  for(i=0;i<N;i++)
```

```
  { flag=fun(a[i],b[i]);
    if(flag==1) large++;
    else if(flag==0) equal++;
        else small++;
  }
  printf("a[i]>b[i]: %d\na[i]=b[i]: %d\na[i]<b[i]: %d\n",large,equal,small);
}
```

② 数组名作函数参数。

```
#include<stdio.h>
int fun(int a[],int b[],int n,int * x,int * y,int * z)
{ int i;
  * x= * y= * z=0;
  for(i=0;i<n;i++)
    if(a[i]>b[i]) ( * x)++;
    else if(a[i]==b[i]) ( * y)++;
        else ( * z)++;
}
#define N 10
void main()
{ int a[N],b[N],i,large,equal,small;
  printf("Input array a:\n");
  for(i=0;i<N;i++) scanf("%d",a+i);
  printf("Input array b:\n");
  for(i=0;i<N;i++) scanf("%d",b+i);
  fun(a,b,N,&large,&equal,&small);
  printf("a[i]>b[i]: %d\na[i]=b[i]: %d\na[i]<b[i]: %d\n",large,equal,small);
}
```

③ 指针变量作函数参数。

```
#include<stdio.h>
int fun(int * a,int * b,int n,int * x,int * y,int * z)
{ int * p, * q;
  * x= * y= * z=0;
  for(p=a,q=b;p<a+n;p++,q++)
    if( * p> * q) ( * x)++;
    else if( * p== * q) ( * y)++;
        else ( * z)++;
}
#define N 10
void main()
{ int a[N],b[N],i,large,equal,small;
  printf("Input array a:\n");
  for(i=0;i<N;i++) scanf("%d",a+i);
```

```
    printf("Input array b:\n");
    for(i=0;i<N;i++) scanf("%d",b+i);
    fun(a,b,N,&large,&equal,&small);
    printf("a[i]>b[i]: %d\na[i]=b[i]: %d\na[i]<b[i]: %d\n",large,equal,small);
}
```

(2)

```
#include<stdio.h>
void max(int a[][5])                              /* 找出最大值并存入 a[2][2] */
{ int i,j,mi,mj,t;
  mi=mj=2;
  for(i=0;i<5;i++)
    for(j=0;j<5;j++)
      if(a[i][j]>a[mi][mj]) { mi=i;mj=j; }
  if(mi!=2||mj!=2)
  { t=a[mi][mj];a[mi][mj]=a[2][2];a[2][2]=t; }
}
int exist(int b[4][2],int i,int j,int n)    /* 判断 i 和 j 是否在角点下标数组中 */
{ int k;
  for(k=0;k<n;k++)                               /* n 记录已存入 b 中的下标的个数 */
    if(i==b[k][0]&&j==b[k][1]) return 1;
  return 0;
}
void fourmin(int a[][5])
{ int b[4][2]={{0,0},{0,4},{4,0},{4,4}};    /* 记录 4 个角点下标的数组 */
  int i,j,k,n=0,mi,mj,t,p,q;
  for(k=1;k<=4;k++)
  { p=mi=b[n][0];                                 /* p 和 q 记录当前最小值的下标 */
    q=mj=b[n][1];                                 /* mi 和 mj 记录存入最小值的下标 */
    for(i=0;i<5;i++)
      for(j=0;j<5;j++)
        if(!exist(b,i,j,n)&&a[i][j]<a[p][q]) { p=i;q=j; }
    if(p!=mi||q!=mj)
    { t=a[mi][mj];a[mi][mj]=a[p][q];a[p][q]=t; }
    n++;
  }
}
void main()
{ int a[5][5],i,j;
  for(i=0;i<5;i++)
    for(j=0;j<5;j++)
      scanf("%d",a[i]+j);
  max(a);
  fourmin(a);
```

```
    printf("Result:\n");
    for(i=0;i<5;i++)
    { for(j=0;j<5;j++)
        printf("%5d",a[i][j]);
      printf("\n");
    }
}
```

(3)

```
#include<stdio.h>
long p(int i)
{ int j; long s=1;
  for(j=2;j<=i;j++) s*=j;
  return s;
}
long s(int n)
{ int i; long sum=0;
  for(i=1;i<=n;i++) sum+=p(i);
  return sum;
}
double f(int x,int y)
{ return (double)s(x)/s(y); }
void main()
{ int a,b;
  scanf("%d%d",&a,&b);
  printf("Result: %f\n",f(a,b));
}
```

(4)

```
#include<stdio.h>
int age(int n)
{ if(n==1) return 10;
  else return age(n-1)+2;
}
void main()
{ int n;
  scanf("%d",&n);
  printf("Age n: %d\n",age(n));
}
```

(5)

```
#include<stdio.h>
int isPrime(int number)
{ int i,tag=1;
```

```
    for(i=2;tag&&i<=number/2;i++)
      if(number%i==0) tag=0;
    return tag;
  }
  int countValue(int * sum)
  { int i,cnt=0;
    * sum=0;
    for(i=2;i<=90;i++)
      if(isPrime(i)&&isPrime(i+4)&&isPrime(i+10))
      { cnt++; * sum+=i; }
    return cnt;
  }
  void main()
  { int cnt,sum;
    cnt=countValue(&sum);
    printf("cnt=%d\n",cnt);
    printf("sum=%d\n",sum);
  }
```

(6)

① 使用全局变量。

```
#include<stdio.h>
#define N 4
int max,mai,maj;
int min,mii,mij;
void maxmin(int a[][N])
{ int i,j;
  max=min=a[0][0];
  mai=maj=mii=mij=0;
  for(i=0;i<N;i++)
    for(j=0;j<N;j++)
    { if(a[i][j]>max) { max=a[i][j]; mai=i;maj=j; }
      if(a[i][j]<min) { min=a[i][j]; mii=i;mij=j; }
    }
}
void main()
{ int a[N][N],i,j;
  for(i=0;i<N;i++)
    for(j=0;j<N;j++)
      scanf("%d",a[i]+j);
  maxmin(a);
  printf("Max=%d, at (%d,%d)\n",max,mai,maj);
  printf("Min=%d, at (%d,%d)\n",min,mii,mij);
}
```

② 使用指针作函数参数。

```c
#include<stdio.h>
#define N 4
void maxmin(int (*a)[N],int *max,int *mai,int *maj,int *min,int *mii,int
*mij)
{ int i,j;
  *max=*min=a[0][0];
  *mai=*maj=*mii=*mij=0;
  for(i=0;i<N;i++)
    for(j=0;j<N;j++)
    { if(a[i][j]>*max) { *max=a[i][j]; *mai=i; *maj=j; }
      if(a[i][j]<*min) { *min=a[i][j]; *mii=i; *mij=j; }
    }
}
void main()
{ int a[N][N],i,j,max,mai,maj,min,mii,mij;
  for(i=0;i<N;i++)
    for(j=0;j<N;j++)
      scanf("%d",a[i]+j);
  maxmin(a,&max,&mai,&maj,&min,&mii,&mij);
  printf("Max=%d, at (%d,%d)\n",max,mai,maj);
  printf("Min=%d, at (%d,%d)\n",min,mii,mij);
}
```

(7)

```c
#include<stdio.h>
#define N 3
int fun(int (*a)[N])
{ int i,j,m1,m2,row,colum;
  m1=m2=0;
  for(i=0;i<N; i++)
  { j=N-i-1;m1+=a[i][i];m2+=a[i][j]; }
  if(m1!=m2) return 0;
  for(i=0;i<N;i++)
  { row=colum=0;
    for(j=0;j<N;j++)
    { row+=a[i][j];colum+=a[j][i]; }
    if((row!=colum)||(row!=m1)) return 0;
  }
  return 1;
}
void main()
{ int x[N][N],i,j;
```

```
  printf("Enter number for array:\n");
  for(i=0; i<N; i++)
    for(j=0; j<N; j++)  scanf("%d",&x[i][j]);
  printf("Array:\n");
  for(i=0; i<N; i++)
  { for(j=0; j<N; j++)  printf("%3d",x[i][j]);
    printf("\n");
  }
  if(fun(x))  printf("The Array is a magic square.\n");
  else printf("The Array isn't a magic square.\n");
}
```

(8)

```
#include<stdio.h>
double fun(int i)
{ static int j=1;
  j*=i;
  return (double)(i+1)/j;
}
void main()
{ int n=1; double t,sum=0;
  while((t=fun(n))>=1e-6)
  { sum+=t;n++;}
  printf("Result: %f\n",sum);
}
```

(9)

```
/* file1.c: 计算 aᵇ 函数所在文件 */
static double ab(int a,int b)
{ int i; double s=1;
  for(i=1;i<=b;i++) s*=a;
  return s;
}
/* file2.c: 主函数所在文件 */
#include<stdio.h>
#include "file1.c"
void main()
{ int a,b;
  scanf("%d%d",&a, &b);
  printf("%.0f\n",ab(a,b));
}
```

因为函数 ab() 为内部函数, 只能用于定义它的文件中, 所以用文件包含完成该题目。

（10）

```
/* file1.c: 主函数所在文件 */
#include<stdio.h>
#include "string.h"
void main()
{ extern delete(char str[],char ch);
  char str[81],ch;
  gets(str);
  scanf("%c",&ch);
  delete(str,ch);
  puts(str);
}
/* file2.c: 删除字符串中指定字符函数所在文件 */
void delete(char str[],char ch)
{ int i,j;
  for(i=j=0;str[i];i++)
    if(str[i]!=ch) str[j++]=str[i];
  str[j]='\0';
}
```

在 VC++ 环境中,先创建一个空工程/项目,然后将 file1.c 和 file2.c 添加到工程/项目中,程序即可编译、连接、运行。

5.9　思考题参考答案

（1）**答**:函数定义是对函数功能的确立,包括指定函数名、函数值类型、形参及其类型、函数体等,它是一个完整、独立的函数单位。函数引用说明的作用是把已定义的函数名、函数类型以及形参的类型、个数和顺序通知给编译系统,以便系统在调用该函数时按此进行对照检查。

（2）**答**:虽然一个函数中可以有一个以上的 return 语句,但只有一个 return 语句会被执行,即一次函数调用,通过 return 语句只能得到一个返回值。通过一次函数调用得到多个返回值的方法有两种,一是利用指针作函数的参数,二是使用全局变量。

（3）**答**:static 主要在 3 种场合使用,一是在局部变量之前,表明该变量是静态型局部变量,使该变量在静态存储区分配存储空间,函数调用结束后不释放存储单元,但变量只能在定义它的函数内引用;二是在全局变量之前,表明该变量是静态型全局变量,使该变量只能在定义它的文件中引用;三是在函数之前,表明该函数是内部函数,使该函数只能被定义它的文件中的函数调用。

（4）**答**:外部变量引用声明的作用是声明该变量是一个已在其他位置定义的外部变量,它仅仅是为了引用该变量而进行的引用声明。外部变量的定义只有一次,它的位置在所有函数之外,而一个文件中的外部变量的引用声明可以有多次,它的位置既可以在函数之外,也可以在函数之内;系统分配存储单元是根据外部变量的定义,不是根据外部变量的引用声明;对外部变量的初始化只能在定义时进行,不能在引用声明中进行。

（5）**答**:在定义函数时,数组形式的形参说明并不是定义数组,而是一种合理的书写方式。函数的形参必须是变量,编译时,系统自动将数组形式的形参说明转换成相应类型的指针变量。调用函数时,形参数组并不存在,只为相应的形参指针变量分配存储空间,在函数中是通过指向实参数组的指针变量引用实参数组元素的。

第 6 章　结构体、共用体和枚举

CHAPTER

6.1　内容概述

本章主要介绍结构体类型、结构体类型变量、结构体类型数组、结构体类型指针的定义及结构体变量成员的引用方法，链表的基本知识，共用体类型、共用体类型变量的定义和共用体变量成员引用方法，枚举类型、枚举类型变量的定义和枚举变量引用方法，结构体位段和使用 typedef 定义类型。本章的知识结构如图 6.1 所示。

图 6.1　第 6 章知识结构

考核要求：掌握结构体类型的结构和特点，掌握结构体变量和结构体数组的定义、成员引用和初始化操作，掌握指向结构体变量和指向结构体数组的指针，熟悉使用结构体变量以及结构体指针作函数参数，掌握使用结构体指针处理链表的方法，掌握共用体类型的结构和特点，掌握共用体变量的定义和成员引用，掌握枚举类型的结构和特点，理解使用 typedef 定义类型的意义。

重点难点：本章的重点是结构体类型、共用体类型、枚举类型的特点和定义，结构体类型变量、数组、指针变量的定义、初始化和成员引用方法，结构体变量和指针变量作函数参数,链表的结构特点和操作处理,共用体类型和枚举类型变量的定义和引用方法。本章的难点是嵌套的结构类型处理、链表操作和共用体的存储特性。

核心考点:结构体类型的定义方法,结构体类型变量、数组、指针变量的定义、初始化和成员引用方法,链表的基本操作,共用体类型和枚举类型的定义方法,共用体类型变量的定义和成员引用方法,枚举类型变量的定义和枚举元素的使用方法。

6.2 典型题解析

【例6.1】 若有以下说明语句:

```
struct ex
{ int x; float y; char z; } example;
```

则下列叙述中不正确的是(   )。

    A. struct 是结构体类型的关键字   B. example 是结构体类型名
    C. x、y、z 都是结构体成员名   D. struct ex 是结构体类型

解析:struct 是结构体类型的关键字,struct ex 是结构体类型名,x、y、z 都是结构体成员名,example 是结构体类型变量。

答案:B

【例 6.2】 若有以下定义和语句:

```
struct workers
{ int num; char name[20]; char c;
  struct { int day; int month; int year; } s;
};
struct workers w, * pw=&w;
```

则能给 w 中的 year 成员赋值 1980 的语句是(   )。

    A. * pw.year＝1980;   B. w.year＝1980;
    C. pw—＞year＝1980;   D. w.s.year＝1980;

解析:结构体类型可以嵌套定义,在引用嵌套定义的结构体成员时,必须从最外层开始逐层展开,展开时使用变量名。引用结构体变量的成员有以下 3 种方式。

    结构体变量名.成员名
    (* 结构体指针变量名).成员名
    结构体指针变量名->成员名

本题中,引用成员 year 有 w.s.year、pw—＞s.year 和(* pw).s.year 3 种方式。在 4 个选项中,只有选项 D 是正确的。

答案:D

【例 6.3】 若有定义:

```
struct complex
{ int real,unreal;} data1={1,8},data2;
```

则以下赋值语句中错误的是(　　)。

  A. data2＝data1;   B. data2＝{2,6};

  C. data2.real＝data1.real;   D. data2.real＝data1.unreal;

  解析：类型相同的结构体变量之间可以赋值，相当于各成员分别赋值，故选项 A 正确。结构体变量中的成员在使用时与同类型的变量相同，故选项 C 和 D 正确。除初始化外，不能对结构体变量进行整体赋值，只能对各成员分别赋值，故选项 B 错误。

  答案：B

  【**例 6.4**】　有以下程序：

```
#include "stdio.h"
struct STU { char name[10]; int num; };
void f1(struct STU d)
{ struct STU a={"LiSiGuo",2042};
  d=a;
}
struct STU f2(struct STU d)
{ struct STU b={"LiuLiu",2044};
  d=b;
  return d;
}
void f3(struct STU * d)
{ struct STU c={"SunDan",2046};
  * d=c;
}
void main()
{ struct STU a={"YangSan",2041},b={"WangYin",2043};
  struct STU c={"LangLin",2045};
  f1(a);b=f2(b);f3(&c);
  printf("%d %d %d\n",a.num,b.num,c.num);
}
```

该程序的输出结果是(　　)。

  A. 2041 2044 2046   B. 2041 2043 2045

  C. 2042 2044 2046   D. 2042 2043 2045

  解析：结构体变量和结构体指针都可以作为函数的参数，函数的返回值也可以是结构体类型的数据。本题中，函数 f1() 的参数是结构体变量，因为 C 语言中的参数传递是单向值传递，形参值的改变不会影响实参，所以函数调用结束后实参 a 的值不变(2041)；函数 f2() 的参数也是结构体变量，虽然通过参数传递不能改变实参 b 的值，但函数有返回值并将返回值赋给了实参 b，因此函数调用结束后实参 b 的值就是形参 d 的值(2044)；函数 f3() 的参数是结构体指针，用指针作函数参数时，实参和形参这两个量将指向同一个存储单元,在函数中,改变形参变量所指向内存单元的值相当于改变实参所指向的内存单元的值,因此函数调用结束后变量 c 的值就是形参 d 所指向内存单元的值(2046)。

答案：A

【例 6.5】 有以下程序：

```
#include "stdio.h"
struct STU { char name[10]; int num;};
void f(char * name, int num)
{ struct STU s[2]={{"SunDan",20044},{"Penghua",20045}};
  num=s[0].num; strcpy(name, s[0].name);
}
void main()
{ struct STU s[2]={{"YangSan",20041},{"LiSiGuo",20042}}, * p;
  p=s; p++; f(p->name, p->num);
  printf("%s %d\n", p->name, p->num);
}
```

该程序的输出结果是(　　　)。

    A. SunDan 20042　　　　　　　　　　B. SunDan 20044

    C. LiSiGuo 20042　　　　　　　　　　D. YangSan 20041

解析：引用结构体类型数组元素成员的方式有以下 3 种。

数组名[下标].成员名
(* 结构体指针变量名).成员名
结构体指针变量名->成员名

本题中,函数的实参是结构体数组第 2 个元素的两个成员,因为成员 name 是指针,成员 num 是整型变量,所以函数调用结束后,成员 name 所指向的内容被修改为"SunDan",成员 num 的值不变(20042)。

答案：A

【例 6.6】 函数 fun() 的功能是将存放在结构体数组中的学生数据按照姓名字典序(从小到大)排序。请在下画线处填入正确的内容,使程序完整。

```
#include<stdio.h>
#include<string.h>
struct student
{ long sno;                    /*学号 */
  char name[10];               /*姓名 */
  float score[3];              /* 3门课成绩 */
};
void fun(struct student a[], int n)
{ ____①____ t;
  int i,j;
  for(i=0;i<____②____;i++)
```

```
for(j=i+1;j<n;j++)
    if(strcmp(_____③_____)>0)
    { t=a[i]; a[i]=a[j]; a[j]=t; }
}
```

解析：本题使用的排序方法是简单选择排序法。使用简单选择排序法排序时，除了需要两个循环变量外，还需要一个用于交换元素值的中间变量，由于待排序元素是结构体型数据，因此①处应填 struct student。由于 n 个元素要进行 n−1 趟比较，因此②处应填 n−1。由于是按姓名的字典序（从小到大）排序，因此应使用字符串比较函数 strcmp()，根据该函数的参数形式，③处应填 a[i].name,a[j].name。

答案：① struct student　　　② n−1　　　③ a[i].name,a[j].name

【例 6.7】　已知 h 是一个带头结点的单向链表，链表中的各结点已按值递增有序排列。函数 fun() 的功能是将链表中值相同的结点仅保留一个。请在下画线处填入正确的内容，使程序完整。

```
#include "stdio.h"
#define N 8
struct list
{ int data; struct list * next;};
void fun(struct list * h)
{ struct list * p, * q;
  p=h->next;
  if(p!=NULL)
  { q=p->next;
    while(q!=NULL)
    { if(p->data==q->data)
      { p->next=q->next;
        free(_____①_____);
        q=_____②_____;
      }
      else
      { p=q;
        q=_____③_____;
      }
    }
  }
}
```

解析：该程序中，删除链表值相同的结点的方法如下。初始时，p 指向第 1 个结点，q 指向第 2 个结点，若 q 所指向结点的值与 p 所指向结点的值相等，则将 q 所指向的结点删除，释放 q 所指向的结点(free(q))，然后用 q 指向 p 所指向结点的下一个结点(q=p−>next)，否则 p 指向 q 所指向的结点(p=q)，q 指向当前结点的下一个结点(q=q−>next)，如此重复，直到 q 为 NULL 为止。由此可知，①处应填 q，②处应填 p−>next，

③处应填 q—>next。

答案：① q ② p—>next ③ q—>next

【例 6.8】 已知 h 是一个带头结点的单向链表,链表中的各结点已按值递增有序排列。函数 fun()的功能是把形参 x 的值放入一个新结点并插入链表,插入后各结点仍保持值递增有序排列。请在下画线处填入正确的内容,使程序完整。

```
#include "stdio.h"
#include "stdlib.h"
struct list
{ int data; struct list * next;};
void fun(struct list * h,int x)
{ struct list * p, * q, * s;
  s=(struct list *)malloc(sizeof(struct list));
  s->data=    ①    ;
  q=h;
  p=h->next;
  while(p!=NULL && x>p->data)
  { q=    ②    ;
    p=p->next;
  }
  s->next=p;
  q->next=    ③    ;
}
```

解析：该程序中,先建立值为 x 的新结点,并由 s 指向它;然后在链表中查找插入位置,初始时,q 指向头结点,p 指向第 1 个结点,若 p!=NULL 且 x>p—>data,则 q 指向 p 所指向的结点(q=p),p 指向当前结点的下一个结点(p=p—>next),如此重复,直到 p==NULL 或 x≤p—>data 为止;最后将 s 所指向的结点插入 q 所指向的结点的后面(s—>next=p;q—>next=s;)。

答案：① x ② p ③ s

【例 6.9】 以下对变量的定义中错误的是( )。

A. 定义整型变量 a 和 b
typedef int INTEGER;
INTEGER a;
int b;

B. 定义整型变量 a 和 b
#define INTEGER int
INTEGER a,b;

C. 定义字符型指针变量 a 和 b
typedef char * cp;
cp * a, * b;

D. 定义结构体变量 a 和 b
typedef struct
{ int x,y;} st;
st a,b;

解析：typedef 的作用是为一个已存在的数据类型取别名,其一般形式为

typedef 原类型名 新类型名

本题中,选项 A 中定义的类型别名只是原类型的一种补充,它们可以同时使用。选项 B 中使用宏定义命令 #define"规定"类型,但与 typedef 有着本质的区别,#define 是在预编译时处理的,它只是做简单的字符串替换,而 typedef 是在编译时处理的,采用同定义变量的方法声明一个类型。选项 C 中的 cp 是指向字符数据的指针类型,应该删除变量 a 和 b 前的"*"号,否则 a 和 b 就是指向字符型指针变量的指针变量。选项 D 中的类型定义简化了后续程序中结构体类型名的书写。

答案：C

【例 6.10】　下列定义中正确的是(　　　)。

A. struct
  { int a;
    float b;
    unsigned c:2;
    unsigned d:3;
    char e[5];
  };

B. struct s
  { unsigned a:3;
      unsigned b:4;
  }a;
  unsigned * p=&a.a;

C. struct s
  { int a;
    float b:4;
  } c={1,1.0};
  float d=c.b;

D. struct s
  { unsigned a,b:3;
      unsigned c[2]:2;
  };

解析：选项 A 的结构体定义中混合使用了普通成员和位段成员,是合法的定义形式。选项 B 是错误的,因为一个位段成员通常无独立的存储单元,所以取位段成员的地址属于非法运算。结构体变量 a 与结构体成员 a 同名是合法的,变量 a 和成员 a 处于不同的层次上,系统完全能够分清,引用成员 a 的方法仍是 a.a。选项 C 是错误的,因为位段成员的数据类型只能是无符号整型,其他类型都是非法的。选项 D 是错误的,因为位段成员不能是数组。

答案：A

【例 6.11】　对于下面的定义,不正确的叙述是(　　　)。

```
union data
{ char c; short int i; float f;}a;
```

A. 变量 a 所占内存的长度等于成员 f 的长度

B. 变量 a 的地址与它的各成员的地址相同

C. 不可以在定义时对 a 进行初始化

D. 可以用常量给变量 a 赋值

解析：共用体变量的成员在内存中占用同一存储单元,共用体变量的地址和它的各成员的地址相同,共用体变量所占内存的长度等于最长的成员的长度。不能对共用体变量进行初始化,也不能用常量给共用体变量赋值。

答案：D

【**例 6.12**】 下列程序的输出结果是(   )。

```c
#include "stdio.h"
union un
{ short int i; char c[2];};
void main()
{ union un x;
  x.c[0]=10; x.c[1]=1;
  printf("%hd\n",x.i);
}
```

A. 266   B. 11   C.265   D. 138

解析：共用体变量成员的引用方式与结构体变量成员的引用方式相同，也要引用到最底层的成员，其一般形式为

共用体类型变量名.成员变量名[.成员变量名…]

本题中，成员 i 和成员 c 共用 2 字节的存储单元，c[0]位于低字节，c[1]位于高字节，因此，x.i＝x.c[1]×256＋c[0]＝1×256＋10＝266。

答案：A

【**例 6.13**】 函数 fun()的功能是读入 2 名学生的信息，每名学生的信息包括姓名、学号和性别。若为男生，则还需要登记视力正常与否(正常为 Y，不正常为 N)；若为女生，则还需要登记身高和体重。请在下画线处填入正确的内容，使程序完整。

```c
#include "stdio.h"
struct student
{ char name[10];                    /* 姓名 */
  int num;                          /* 学号 */
  char sex;                         /* 性别 */
  union
  { char eye;                       /* 视力 */
    struct { int high,weight;}f;    /* 身高和体重 */
  }body;
};
void fun(struct student person[2])
{ int i;
  for(i=0;i<2;i++)
  { scanf("%s%d%c",person[i].name,&person[i].num,&person[i].sex);
    if(person[i].sex=='m'||person[i].sex=='M')
      scanf("%c",_____①_____);
    else if(person[i].sex=='f'||person[i].sex=='F')
        scanf("%d%d",_____②_____,_____③_____);
      else printf("input error\n");
  }
}
```

解析：结构体类型可以嵌套定义，共用体类型可以嵌套定义，结构体类型与共用体类型也可以嵌套定义。可以定义结构体数组，也可以定义共用体数组，数组元素成员引用与同类型变量相同，成员的使用也与同类型的变量相同。

本题中，成员 eye 的引用形式为 person[i].body.eye，成员 high 和 weight 的引用形式分别为 person[i].body.f.high 和 person[i].body.f.weight。在引用形式前分别加上取地址运算符"&"即为所填内容。

答案：① &person[i].body.eye　　② &person[i].body.f.high

　　　　③ &person[i].body.f.weight

【例6.14】　以下对枚举类型定义正确的是(　　)。

A. enum a＝{sum,mon,tue};　　　　B. enum a{sum＝9,mon＝1,tue};

C. enum a＝{"sum","mon","tue"};　　D. enum a{"sum","mon","tue"};

解析：枚举类型定义的一般格式为

enum 枚举类型名

{枚举常量 1[＝序号 1],枚举常量 2[＝序号 2],…,枚举常量 n[＝序号 n]};

其中，枚举常量是一种符号常量，也称枚举元素，应符合标识符的起名规则。序号是枚举常量对应的整数值，可以省略，省略时按系统规定处理。

答案：B

【例 6.15】　以下程序实现对输入的两个整数进行判断，若 $0 \leqslant x < y \leqslant 100$，则计算并输出两个数的平方和，否则输出相应的错误信息并继续读数，直到输入正确为止。请在下画线处填入正确的内容，使程序完整。

```
#include "stdio.h"
enum ErrorData {Right,Less0,Great100,MinMaxErr};
char * ErrorMessage[]={"Enter Data Right","Data<0 Error","Data>100 Error",
                       "x>y Error"};
error(int min,int max)
{ if(max<min) return MinMaxErr;
  else if(max>100) return Great100;
      else if(min<0) return Less0;
          else return      ①     ;
}
void main()
{ int status,x,y;
  do
  { printf("Please Enter Two Integer Number:(x,y)");
    scanf("%d%d",&x, &y);
    status=     ②     ;
    printf(ErrorMessage[      ③      ]);
  }while(status!=Right);
  printf("Result=%d",x * x+y * y);
}
```

解析：程序中的枚举类型 enum ErrorData 定义了满足条件和各种出错情况，为了输出相应的信息，又定义了描述错误信息的字符指针数组 ErrorMessage。函数 error() 用来判断 x 和 y 是否满足题目要求的条件，代码中包含 3 种不满足条件的情况，只缺少满足条件的情况，因此①处应填 Right。在主函数 main() 的循环体中，先输入变量 x 和 y 的值，然后通过函数调用得到其对应的情况，因此②处应填 error(x,y)。完成判断后，输出相应的信息，③处应填 status。虽然函数 error() 中的 return 语句返回的是枚举值，实质上使用的是它的序号。

答案：① Right ② error(x,y) ③ status

【例 6.16】 编写程序，输入 3 名学生的学号、数学期中考试成绩和期末考试成绩，然后计算其平均成绩并输出成绩表。

解析：使用结构体数组存储数据，结构体成员包括学号、数学期中考试成绩、数学期末考试成绩和平均成绩。从键盘输入数据，同时计算平均成绩，最后输出成绩表。

```
#include "stdio.h"
struct stu
{ int num;float mid,end,ave;}s[3];
void main()
{ int i;
  struct stu * p;
  for(p=s;p<s+3;p++)
  { scanf("%d%f%f",&p->num,&p->mid,&p->end);    /* 输入数据 */
    p->ave=(p->mid+p->end)/2;                     /* 计算平均成绩 */
  }
  for(p=s;p<s+3;p++)                              /* 输出成绩表 */
    printf("%6d%6.2f%6.2f%6.2f\n",p->num,p->mid,p->end,p->ave);
}
```

【例 6.17】 已知 h 是一个带头结点的非空单链表，结点结构为

```
struct link { int data;struct link * next; }
```

编写函数 fmax()，其功能是求出链表中值最大的结点，函数的返回值是指向值最大结点的指针。

解析：用 s 指向值最大的结点。初始时，s 指向第 1 个结点，然后从第 2 个结点开始，依次用各结点的值与 s 所指向的结点值进行比较，若 s 所指向的结点值小，则更新 s。

```
struct link * fmax(struct link * h)
{ struct link * p, * s;
  s=h->next;                    /* s 指向第 1 个结点,初始最大值结点 */
  p=s->next;                    /* p 指向第 2 个结点 */
  while(p)
  { if(p->data>s->data) s=p;    /* s 所指向结点值小,更新 s */
    p=p->next;                  /* p 指向下一个结点 */
  }
```

```
    return s;                          /*  返回值最大结点的指针  */
}
```

【例 6.18】　现有铅笔和圆珠笔若干支,铅笔的属性有品名、数量、价格和类别,其中,类别包含笔芯为 0.3mm、0.5mm 和 0.7mm 3 种。圆珠笔属性有品名、数量、价格和类别,其中,类别包含红色、蓝色和黑色 3 种。编写程序,计算各种不同类别的铅笔和圆珠笔的总金额,以及所有铅笔和圆珠笔的总金额。

解析:铅笔和圆珠笔的属性用结构体类型描述,铅笔和圆珠笔的类别用共用体类型描述,不同类别的选取用枚举型描述。每一类别的总金额＝单价×数量,所有铅笔和圆珠笔的总金额为各类别总金额之和。

```c
#include "stdio.h"
#include "string.h"
enum pencil {point3,point5,point7};        /*  铅笔的类别  */
enum bollar_pen {red,black,blue};          /*  圆珠笔的类别  */
union sort                                 /*  笔的类别  */
{ enum pencil p;                           /*  铅笔  */
  enum bollar_pen b;                       /*  圆珠笔  */
};
struct pen                                 /*  笔的属性  */
{ char name[20];                           /*  品名  */
  int quantity;                            /*  数量  */
  float price;                             /*  价格  */
  union sort s;                            /*  类别  */
};
struct pen p[6]={{"pencil",10,1.8,point7},
                {"bollar_pen",5,2.8,black},
                {"pencil",8,1.5,point5},
                {"pencil",5,2.8,point3},
                {"bollar_pen",15,2.5,blue},
                {"bollar_pen",20,2.4,red}};
void main()
{ int i;float sum=0;
  for(i=0;i<6;i++)
  { printf("%s\t",p[i].name);
    if(strcmp(p[i].name,"pencil")==0)
      switch(p[i].s.p)
      { case point3: printf("\tpoint3");break;
        case point5: printf("\tpoint5");break;
        case point7: printf("\tpoint7");break;
      }
    else
      switch(p[i].s.b)
      { case red: printf("red");break;
```

```
        case black: printf("black");break;
        case blue: printf("blue");break;
    }
    printf("\t%.2f\n",p[i].quantity * p[i].price);
    sum+=p[i].quantity * p[i].price;
  }
  printf("total=%.2f\n",sum);
}
```

6.3 自测试题

1. 单项选择题

（1）以下对结构体类型变量 a 的定义中错误的是（   ）。

    A. struct ord { int x;int y;int z;};struct ord a;

    B. struct ord { int x;int y;int z;} struct ord a;

    C. struct ord { int x;int y;int z;} a;

    D. struct { int x;int y;int z;} a;

（2）设有定义：struct { char mark[2];int num1;double num2;} t1,t2;,若变量均已正确赋初值,则以下语句中错误的是（   ）。

    A. t1＝t2;   B. t2.num1＝t1.num1;

    C. t2.mark＝t1.mark;   D. t2.num2＝t1.num2;

（3）下列程序的输出结果是（   ）。

```
#include<stdio.h>
struct ord
{ int x,y;} dt[2]={1,2,3,4};
void main()
{ struct ord * p=dt;
  printf("%d,",++(p->x)); printf("%d\n",++(p->y));
}
```

    A. 1,2   B. 4,1   C. 3,4   D. 2,3

（4）若有如下说明：

```
typedef struct { int n; char c; double x; } STD;
```

则以下选项中能正确定义结构体数组并赋初值的语句是（   ）。

    A. STD tt[2]＝{{1,'A',62},{2,'B',75}};

    B. STD tt[2]＝{{1,"A",62},{2, "B",75}};

    C. struct tt[2]＝{{1,'A'},{2, 'B'}};

    D. struct tt[2]＝{{1,"A",62.5},{2, "B",75.0}};

（5）有以下结构体说明和变量定义，指针 p、q、r 分别指向一个链表中的 3 个连续结点。

```
struct node
    { int data;struct node * next; } * p, * q, * r;
```

现要将 q 和 r 所指结点的先后位置交换，同时保持链表连续，则以下程序段中错误的是（　　）。

A. r—>next=q; q—>next=r—>next; p—>next=r;

B. q—>next=r—>next; p—>next=r; r—>next=q;

C. p—>next=r; q—>next=r—>next; r—>next=q;

D. q—>next=r—>next; r—>next=q; p—>next=r;

（6）下列程序的输出结果是（　　）。

```
#include "stdio.h"
#include "stdlib.h"
struct NODE
{ int num; struct NODE * next;};
void main()
{ struct NODE * p, * q, * r;
  p=(struct NODE * )malloc(sizeof(struct NODE));
  q=(struct NODE * )malloc(sizeof(struct NODE));
  r=(struct NODE * )malloc(sizeof(struct NODE));
  p->num=10; q->num=20; r->num=30;
  p->next=q;q->next=r;
  printf("%d\n",p->num+q->next->num);
}
```

A. 10　　　　　　　B. 20　　　　　　　C. 30　　　　　　　D. 40

（7）共用体类型变量在程序执行期间（　　）。

A. 所有成员一直驻留在结构中　　　　B. 只有一个成员驻留在结构中

C. 部分成员驻留在结构中　　　　　　D. 没有成员驻留在结构中

（8）下列程序的输出结果是（　　）。

```
#include "stdio.h"
void main()
{ union { unsigned int n; unsigned char c;} u1;
  u1.c='A';
  printf("%c\n",u1.n);
}
```

A. 产生语法错误　　B. 随机值　　　　　C. A　　　　　　　D. 65

（9）若有语句：enum color{red,yellow,blue=4,green,white};，则 yellow 和 white 的机内值分别是（　　）。

A. 1,6　　　　　　　B. 2,5　　　　　　　C. 1,4　　　　　　　D. 2,6

（10）若有以下说明和定义：

```
typedef int * INTEGER;
INTEGER p, * q;
```

则以下叙述中正确的是（　　）。

    A. p 是 int 型变量

    B. p 是基类型为 int 的指针变量

    C. q 是基类型为 int 的指针变量

    D. 程序中可用 INTEGER 代替 int 类型名

2. 程序填空题

（1）人员记录由编号和出生年、月、日组成，N 名人员的数据已存入结构体数组 std 且编号唯一。函数 fun()的功能是找出指定编号人员的数据作为函数值返回，若指定编号不存在，则返回数据中的编号为空串。

```
#define N 8
typedef struct
{ char num[10];int year,month,day ;}STU;
_____①_____ fun(STU * std,char * num)
{ int i;
  STU  a={"",0000,00,00};
  for(i=0;i<N;i++)
    if(strcmp(_____②_____,num)==0 )
      return (_____③_____);
  return a;
}
```

（2）函数 fun()的功能是在带有头结点的单向链表中查找值为 ch 的结点，找到后通过函数值返回该结点在链表中的顺序号，若不存在值为 ch 的结点，则函数返回 0。

```
typedef struct list
{ int data;
  struct list * next;
} SLIST;
int fun( SLIST * h, int ch)
{ SLIST * p; int n=0;
  p=h->next;
  while(p!=_____①_____)
  { n++;
    if(_____②_____)  return n;
    else p=_____③_____;
  }
  return 0;
}
```

（3）函数 fun()的功能是将不带头结点的单向链表按结点值从小到大排序。

```
typedef struct node
{ int data;
   struct node * next;
} NODE;
void fun(NODE * h)
{ NODE * p, * q; int t;
   p=h;
   while(p)
   { q=_____①_____;
     while(_____②_____)
     { if(p->data>q->data)
       { t=p->data; p->data=q->data; q->data=t; }
         q=q->next;
     }
     p=_____③_____;
   }
}
```

3. 程序分析题

（1）写出下列程序的运行结果。

```
#include "stdio.h"
#include "string.h"
struct A
{ int a;char b[10];double c;};
void f(struct A t);
void main()
{ struct A a={1001,"ZhangDa",1098.0};
  f(a); printf("%d,%s,%6.1f\n",a.a,a.b,a.c);
}
void f(struct A t)
{ t.a=1002; strcpy(t.b,"ChangRong");t.c=1202.0; }
```

（2）写出下列程序的运行结果。

```
#include "stdio.h"
struct STU
{ char name[10]; int num; float TotalScore; };
void f(struct STU * p)
{ struct STU s[2]={{"SunDan",20044,550},{"Penghua",20045,537}}, * q=s;
  ++p; ++q; * p= * q;
}
void main()
{ struct STU s[3]={{"YangSan",20041,703},{"LiSiGuo",20042,580}};
```

```c
    f(s);
    printf("%s %d %3.0f\n", s[1].name, s[1].num, s[1].TotalScore);
}
```

(3) 写出下列程序的运行结果。

```c
#include "stdio.h"
struct NODE
{ int num; struct NODE * next;};
void main()
{ struct NODE s[3]={{1, '\0'},{2, '\0'},{3, '\0'}}, * p, * q, * r;
  int sum=0;
  s[0].next=s+1; s[1].next=s+2; s[2].next=s;
  p=s; q=p->next; r=q->next;
  sum+=q->next->num; sum+=r->next->next->num;
  printf("%d\n", sum);
}
```

(4) 写出下列程序的运行结果。

```c
#include "stdio.h"
struct NODE
{ int k;
  struct NODE * link;
};
void main()
{ struct NODE m[5], * p=m, * q=m+4;
  int i=0;
  while(p!=q)
  { p->k=++i; p++;q->k=i++; q--;}
  q->k=i;
  for(i=0;i<5;i++) printf("%d",m[i].k);
  printf("\n");
}
```

(5) 写出下列程序的运行结果。

```c
#include "stdio.h"
void main()
{ union example
  { struct {int x;int y;}in;
    int a,b;
  }e;
  e.a=1;e.b=2;e.in.x=e.a * e.b;e.in.y=e.a+e.b;
  printf("%d,%d\n",e.in.x,e.in.y);
}
```

4. 程序设计题

（1）学生的记录由学号和成绩组成，N 名学生的数据已存入结构体数组 a 中。编写函数 fun()，其功能是把分数最高的学生的数据放在数组 b 中（分数最高的学生可能不止一个），并返回分数最高的学生的人数。

（2）已知 p 是一个带有头结点的单向链表，结点结构为

```
struct list { int data; struct list * next; };
```

编写函数 fun()，其功能是输出链表尾结点中的数据后再删除该结点。

6.4　实验题目

（1）有 10 名学生，每名学生有语文、数学、外语 3 门课程的成绩，计算每名学生的总成绩，然后按总成绩由高到低排序，若总成绩相同，再按外语成绩由高到低排序。

要求：利用结构体数组存放数据，使用函数调用方式。

（2）已知链表 la 和 lb 中分别存放一个升序序列，编写程序，将两个链表中的升序序列合并成一个升序序列并存放到链表 L1 中。

要求：分别按带头结点和不带头结点进行处理，使用函数调用方式。

（3）设某公司对所有职工进行计算机能力考核，规定 35 岁以下的职工进行笔试，成绩记录为百分制，60 分以下为不及格；35 岁（含 35 岁）以上的职工进行上机考核，成绩记录为 a、b、c（规定为小写字母），a 为优秀，b 为及格，c 为不及格。编写程序，输入 10 个职工的考核结果，输出及格职工的编号、姓名和成绩。

要求：用结构体和共用体类型数据处理职工数据。

（4）输入两个整数，依次求它们的和、差、积并输出。

要求：用枚举类型数据处理和、差、积的判断。

（5）编写程序，根据一维数组中的整数建立一个带头结点的单向链表，输出链表并计算各结点数据之和。

6.5　思考题

（1）数组与结构体的主要区别是什么？

（2）结构体与共用体的主要区别是什么？

（3）结构体成员的数据类型是否可以是自身类型和自身的指针类型？

（4）链表与数组的主要优缺点各是什么？

（5）结构体类型、共用体类型和枚举类型是否占用内存空间？

6.6 习题解答

1. 单项选择题

(1) 在说明一个结构体类型变量时,系统分配给它的存储空间是(   )。

    ① 该结构体中第一个成员所需的存储空间

    ② 该结构体中最后一个成员所需的存储空间

    ③ 该结构体中占用最大存储空间的成员所需的存储空间

    ④ 该结构体中各成员所需的存储空间的总和

解答:系统为结构体类型变量分配地址连续的内存空间,并按成员定义的顺序分配,存储空间的大小为变量各个成员所占存储空间的总和。

答案:④

(2) 下面对枚举类型的叙述不正确的是(   )。

    ① 定义枚举类型用 enum 开头

    ② 枚举常量的值是一个常数

    ③ 一个整数可以直接赋给一个枚举变量

    ④ 枚举值可以用来做判断比较

解答:不能将一个整数直接赋给枚举变量,赋值时应该进行强制类型转换。

答案:③

(3) 若有如下定义,则变量 a 在内存中占用的字节数为(   )。

```
union ctype
{ short int i;
   char ch[5];
}a;
```

    ① 6   ② 5   ③ 7   ④ 2

解答:共用体变量占用的字节数为占用字节数最多的成员所占用的字节数。本题中,成员 i 占 2 字节,成员 ch 占 5 字节。

答案:②

(4) 若有语句:enum color{red=−1,yellow,blue,white};,则 blue 的机内值是(   )。

    ① 0   ② 1   ③ 2   ④ 3

解答:枚举元素的机内值就是其序号。省略序号,系统默认从 0 开始连续排列。如果遇到有改变的序号,则序号从被改变的位置开始连续递增。本题中,red 的序号被改变为−1,其后元素 yellow、blue、white 的序号依次为 0、1、2。

答案:②

(5) 若使指针变量 p 指向一个 double 类型的动态存储单元,则下列语句中正确的是(   )。

    ① p=double(malloc(sizeof(double)));

    ② p=(double)malloc(sizeof(double));

③ p＝(＊double)malloc(sizeof(double));

④ p＝(double ＊)malloc(sizeof(double));

解答：函数 malloc()是申请空间的函数,参数表中的值为申请空间的字节数。该函数的返回值为空类型的指针,使用时一定要进行强制类型转换,转换成相应指针变量能接收的类型。

答案：④

(6) 若有如下定义,则能输出字母 M 的语句是(　　)。

```
struct person {char name[9];int age;};
struct person class[10]={"Johu",17,"Paul",19,"Mary",18,"Adam",16};
```

① printf("%c\n",class[3].name);

② printf("%c\n",class[3].name[1]);

③ printf("%c\n",class[2].name[1]);

④ printf("%c\n",class[2].name[0]);

解答：定义了一个结构体数组 class,并初始化了前 3 个数组元素。其中,"M"是第 3 个数组元素(下标为 2) 的成员 name 的首字母(下标为 0)。

答案：④

(7) 若已建立如图 6.2 所示的单链表结构：

图 6.2　单链表结构

在该链表结构中,指针 p、s 分别指向图 6.2 中所示的结点,则不能将 s 所指的结点插入链表末尾仍构成单向链表的语句组是(　　)。

① p＝p－>next;s－>next＝p;p－>next＝s;

② p＝p－>next;s－>next＝p－>next;p－>next＝s;

③ s－>next＝NULL;p＝p－>next;p－>next＝s;

④ p＝(＊p).next;(＊s).next＝(＊p).next;(＊p).next＝s;

解答：要将 s 指向的结点插入链表末尾,需要做两项工作,一是将 s 指向的结点的指针域置为空(NULL),二是将指针 s 送到值为 F 的结点的指针域。

答案：①

(8) 若一个单向链表中的结点有两个域,其中 data 是指向字符串的指针域,next 是指向结点的指针域,则此结构的类型定义为(　　)。

① struct link { char ＊ data; struct link ＊ next;};

② struct link { char data; struct link ＊ next;};

③ struct link { char ＊ data; struct link next;};

④ struct link { char data; struct link next; };

解答：定义的结构体类型有 data 和 next 两个成员,其中,data 是字符型的指针,next 是所定义的结构体类型的指针。

答案：①

(9) 若有如下定义,则对 data 中的 a 成员的正确引用是(   )。

```
struct sk{int a; int b;}data, * p=&data;
```

① (* p).data.a   ② (* p).a   ③ p—>data.a   ④ p.data.a

解答：结构体指针变量 p 指向结构体变量 data,对 data 中的 a 成员的引用有 3 种方式,分别为 data.a、(* p).a 和 p—>a。

答案：②

(10) 若有如下定义和说明：

```
typedef union {long i;short int k[5];char c;}DATA;
struct data {short int cat;DATA cow;double dog;}zoo;
DATA max;
```

则语句"printf("%d",sizeof(zoo)+sizeof(max));"的执行结果是(   )。

① 26   ② 30   ③ 18   ④ 8

解答：max 是一个共用体类型变量,占 10 字节,zoo 是一个结构体类型变量,占 20 字节。

答案：②

2. 程序分析题

(1) 写出下列程序的运行结果。

```
#include "stdio.h"
void main()
{ union {char c; char i[4];}z;
  z.i[0]=0x39;z.i[1]=0x36;
  printf("%c\n",z.c);
}
```

解答：z 为共用体变量,有 2 个成员。其中,成员 c 占 1 字节,成员 i 占 4 字节。执行赋值语句"z.i[0]=0x39;"后,z.c 的值是 0x39,即字符'9'的 ASCII 码值。

答案：9

(2) 写出下列程序的运行结果。

```
#include "stdio.h"
void main()
{ struct student
  { char name[10];
    float k1;
    float k2;
```

```
}a[2]={{"zhang",100,70},{"wang",70,80}}, * p=a;
printf("\nname:%s total=%f",p->name,p->k1+p->k2);
printf("\nname:%s total=%f\n",a[1].name,a[1].k1+a[1].k2);
}
```

解答：可以用指向结构体数组元素的指针引用结构体数组元素的成员。本题中，结构体指针变量 p 指向结构体数组元素 a[0]，用 p 引用的是数组元素 a[0] 的成员。

答案：

name：zhang total＝170.000000

name：wang total＝150.000000

（3）写出下列程序的运行结果。

```
#include "stdio.h"
void main()
{ enum em {em1=3,em2=1,em3};
  char * aa[]={"AA","BB","CC","DD"};
  printf("%s%s%s\n",aa[em1],aa[em2],aa[em3]);
}
```

解答：em 为枚举类型，有 3 个枚举元素，序号分别为 3、1、2。数组元素的下标可以是枚举值，使用的是它的序号。

答案：DDBBCC

（4）写出下列程序的运行结果。

```
#include "stdio.h"
void main()
{ union
  { char s[2];
    short int i;
  }g;
  g.i=0x4142;
  printf("g.i=%hx\n",g.i);
  printf("g.s[0]=%x\t g.s[1]=%x\n",g.s[0],g.s[1]);
  g.s[0]=1;
  g.s[1]=0;
  printf("g.s=%hx\n",g.i);
}
```

解答：g 为共用体变量，有 2 个成员，都占 2 字节。赋值语句"g.i＝0x4142;"等价于"g.s[0]＝0x42;g.s[1]＝0x41;"。赋值语句"g.s[0]＝1;g.s[1]＝0;"等价于"g.i＝1;"。

答案：g.i＝4142

　　　　g.s[0]＝42　　　　　g.s[1]＝41

　　　　g.s＝1

（5）写出下列程序的运行结果。

```
#include "stdio.h"
void main()
{ struct num {int x;int y;}sa[]={{2,32},{8,16},{4,48}};
  struct num * p=sa+1;
  int x;
  x=p->y/sa[0].x * ++p->x;
  printf("x=%d p->x=%d\n",x,p->x);
}
```

解答：结构体指针变量 p 指向结构体数组 sa 的第 2 个元素 sa[1]。赋值表达式"x= p->y/sa[0].x * ++p->x"等价于逗号表达式"++p->x,x=p->y/sa[0].x * p->x"。由此可知,p->x 的值为 9,x＝16/2×9＝72。

答案：x＝72 p->x＝9

3. 程序填空题(在下列程序的_____处填上正确的内容,使程序完整)

(1) 下列程序的功能是计算两个复数的和。

```
#include "stdio.h"
#include "stdlib.h"
struct comp
{ float re;float im;};
struct comp * m(struct comp * x,struct comp * y)
{ _____①_____;
  z=(struct comp *)malloc(sizeof(struct comp));
  z->re=x->re+y->re;
  z->im=x->im+y->im;
  return _____②_____;
}
void main()
{ struct comp * t;
  struct comp a,b;
  a.re=1; a.im=2;
  b.re=3; b.im=4;
  t=m(_____③_____);
  printf("t.re=%f,t.im=%f",(* t).re,(* t).im);
}
```

解答：变量应先定义后使用,z 为结构体型指针变量。计算结果存放在 z 中。函数 m()的两个参数应为结构体指针。

答案：① struct comp * z   ② z   ③ &a,&b

(2) 结构体数组中存有 3 个人的姓名和年龄,以下程序的功能是输出 3 个人中最年长者的姓名和年龄。

```
#include "stdio.h"
struct man
```

```
{ char name[20];int age;}person[]={{"Mary",16},{"Tom",21},{"Jim",18}};
void main()
{ struct man * p, * q;
  int old=0;
  for(p=person;_____①_____;p++)
    if(old<p->age)
    { q=p;_____②_____; }
  printf("%s  %d",_____③_____);
}
```

解答：p 和 q 都为结构体类型指针变量，p 的作用是扫描整个结构体数组，q 的作用是记录最年长者的存放位置（地址）。

答案：① p＜person＋3 或 p＜=person＋2　　　② old＝p－＞age

③ q－＞name,q－＞age

（3）函数 print()的功能是输出如图 6.3 所示的链表。

图 6.3　链表

```
#include "stdio.h"
struct  stu
{ int data;
  _____①_____;
};
void print(head)
struct stu * head;
{ struct stu * p;
  p=head;
  while(p!=NULL)
  { printf("%5d", p->data);
    _____②_____;
  }
  printf("\n");
}
```

解答：链表的结点由数据域 data 和指针域 next 构成，定义中缺少结构体指针成员 next。指针 p 在链表上的后移操作是 p＝p－＞next。

答案：① struct stu * next　　　② p＝p－＞next

（4）以下函数 creat()用来建立一个带头结点的单向链表，新产生的结点总是插在链表的尾部。单向链表的头指针作为函数的返回值。

```
#include "stdio.h"
#include "stdlib.h"
```

```
struct list{ char data;   struct list * next;};
struct list * creat()
{ struct list * h, * p, * q;
  char ch;
  h=_____①_____ malloc(sizeof(struct list));
  q=h;
  ch=getchar();
  while(ch!='?')
  { p=_____②_____ malloc(sizeof(struct list));
    p->data=ch;
    q->next=p;
    q=p;
    ch=getchar();
  }
  q->next=NULL;
  return_____③_____;
}
```

解答：获取空间函数 malloc()的返回值类型为空类型指针,必须进行强制类型转换,转换为相应结点的指针类型。链表的头指针在 h 中存放。

答案：① (struct list *)   ② (struct list *)   ③ h

(5) 下列程序用来建立一个含有 10 个结点且不带头结点的单向链表,新产生的结点总是插在第一个结点之前。

```
#include "stdio.h"
#include "stdlib.h"
struct student
{ int no; int score; struct student * next;};
void main()
{ struct student * head , * p;
  int i;
  head=_____①_____;
  for( i=0; i<10; i++)
  { p=(struct student * )malloc(sizeof(struct student));
    scanf("%d%d",&p->no,&p->score);
    p->next=head;
    head=_____②_____;
  }
  for(p=head;p!=NULL;p=p->next)
    printf("%d,%d\n",p->no,p->score);
}
```

解答：先准备一个空链表(head=NULL),然后将新生成的结点(p 指向)依次插入第 1 个结点之前,头指针始终要指向新插入的结点(head=p)。

答案：① NULL　　　　② p

4. 程序改错题（下列每段程序中各有一个错误，请找出并改正）
（1）下列程序的功能是输出结构体变量的值。

```
#include "stdio.h"
student struct
{ long int num;char name[10];char sex; }a={89241,"zhang",'M'};
void main()
{ printf("%ld %s %c\n",a.num,a.name,a.sex); }
```

解答：在定义结构体类型时，关键字 struct 必须写在前面。
答案：
错误行：student struct
改正为：struct student
（2）下列程序的功能是输出结构体变量的值。

```
#include "stdio.h"
void main()
{ struct worker
  { int num;char name[20];int age;}person, * p;
  p=&person;
  person={100,"chenxi",23};
  printf("%d %s %d",person.num,p->name,( * p).age);
}
```

解答：同类型的结构体变量之间可以赋值，但除初始化外不能用常量给结构体变量赋值。可以通过给各成员分别赋值的方式给结构体变量赋值。
答案：
错误行：person＝{100,"chenxi",23};
改正为：person.num＝100;
　　　　　strcpy(person.name,"chenxi");
　　　　　person.age＝23;
（3）下列程序的功能是输出枚举变量的值。

```
#include "stdio.h"
enum data {sun,mon,tue,wed,thu,fri,sat};
void main()
{ enum data day;
  day=mon;
  printf("%s",day);
}
```

解答：枚举变量的值是枚举元素，按整型格式输出的是变量值的序号，而不是变量值。通常用 switch 语句与字符串输出函数实现。

答案：

错误行：printf("%s",day);

改正为：switch(day)

```
{ case sun: puts("sun");break;
  case mon: puts("mon");break;
  case tue: puts("tue");break;
  case wed: puts("wed");break;
  case thu: puts("thu");break;
  case fri: puts("fri");break;
  case sat: puts("sat");
}
```

（4）下列函数的功能是统计不带头结点的链表的结点数。

```
#include<stdio.h>
struct node
{ int data; struct node * next;};
count(struct node * head)
{ int n=0;
  while(head!=NULL)
  { n++;
    head++;
  }
  return n;
}
```

解答： 链表的存储空间不一定连续。因此，链表中指针的后移不能用自增运算完成，而是通过结点中的指针域值更新实现。

答案：

错误行：head++;

改正为：head=head->next;

5. 程序设计题

（1）编写程序，用结构体数组存放表 6.1 中的数据，然后输出其中每个人的姓名和实发工资(基本工资＋浮动工资－支出)。

表 6.1　工资表

姓　　名	基本工资/元	浮动工资/元	支出/元
zhao	6340.14	400.00	760.00
qian	4506.57	120.00	560.00
sun	3600.62	0.00	200.00

解答： 根据题意设计一个结构体类型，结构体成员除表 6.1 中的 4 项外，还要增加一

个"实发工资"成员。定义一个该结构体类型数组并用基本信息初始化。按照给定的算式计算出每个员工的实发工资,并输出相应的信息即可。

```
#include "stdio.h"
struct person
{ char name[10];
   float jbgz,fdgz,zc,sf;
}a[]={{"zhao",6340.14,400.00,760.00,0},
       {"qian",4506.57,120.00,560.00,0},
       {"sun", 3600.62,0.00,200.00,0}};
void main()
{ int i;
  printf("name\tsf\n");
  for(i=0;i<3;i++)
  { a[i].sf=a[i].jbgz+a[i].fdgz-a[i].zc;
    printf("%s\t%.2f\n",a[i].name,a[i].sf);
  }
}
```

(2) 编写程序,输入 10 个职工的编号、姓名、基本工资、职务工资,求出"基本工资＋职务工资"最少的职工,并输出该职工记录。

解答:根据题意设计一个结构体类型,成员包括 num(编号)、name(姓名)、jbgz(基本工资)、zwgz(职务工资)和 sfgz(实发工资)。定义一个该结构体类型的数组并初始化。先求出实发工资,再找出实发工资最少的职工,最后输出相应信息。

```
#include "stdio.h"
struct person
{ char num[10],name[20];
   float jbgz,zwgz,sfgz;
}a[10]={{"001","wangdong", 800,200,0},
         {"002","lifang", 1000,300,0},
         {"003","zhaomiao", 900,240,0},
         {"004","zhenggang",700,160,0},
         {"005","liuna", 1010,220,0},
         {"006","wentian", 1200,280,0},
         {"007","guoyu", 1120,270,0},
         {"008","majia", 1040,210,0},
         {"009","liangli", 800,100,0},
         {"010","chengshi", 950,100,0}};
void main()
{ int i,j=0;
  for(i=0;i<10;i++)
  { a[i].sfgz=a[i].jbgz+a[i].zwgz;
    if(a[i].sfgz<a[j].sfgz) j=i;
```

```
    }
    printf("%s\t%s\t%.2f\t%.2f\t%.2f\n",
            a[j].num,a[j].name,a[j].jbgz,a[j].zwgz,a[j].sfgz);
    }
```

（3）编写程序，输入 10 个学生的学号、姓名和 3 门课程的成绩，将总分最高的学生的信息输出。

解答：根据题意设计一个结构体类型，成员包括 num（学号）、name（姓名）、math（成绩 1）、chi（成绩 2）、eng（成绩 3）和 total（总成绩）。定义一个该结构体类型的数组存放学生信息，在输入过程中计算总分和最高分。为方便调试程序，可以对数组初始化。

```
#include "stdio.h"
struct student
{ char num[10],name[20];
  int math,chi,eng,total;
}a[10]={{"001","wangdong", 80,74,49,0},
        {"002","lifang", 100,89,90,0},
        {"003","zhaomiao", 90,64,80,0},
        {"004","zhenggang",70,76,81,0},
        {"005","liuna", 51,72,90,0},
        {"006","wentian", 80,80,73,0},
        {"007","guoyu", 70,70,67,0},
        {"008","majia", 64,70,75,0},
        {"009","liangli", 88,100,76,0},
        {"010","chengshi", 95,88,77,0}};
void main()
{ int i,j=0;
  for(i=0;i<10;i++)
  { a[i].total=a[i].math+a[i].chi+a[i].eng;
    if(a[i].total>a[j].total) j=i;
  }
  printf("%s\t%s\t%d\t%d\t%d\t%d\n",
          a[j].num,a[j].name,a[j].math,a[j].chi,a[j].eng,a[j].total);
}
```

（4）编写程序，输入表 6.2 中的数据，并用结构体数组存放，按外语成绩升序排序并输出。

表 6.2　学生成绩表

姓　　名	语　　文	数　　学	外　　语
zhao	97.5	89.0	78.0
qian	90.0	93.0	87.5
sun	75.0	79.5	68.5
li	82.5	69.5	54.0

解答：根据题意设计一个结构体类型,结构体成员包括 name(姓名)、chi(语文)、math(数学)和 eng(外语)。定义一个该结构体类型数组并用表 6.2 中的信息初始化。排序方法可用选择法、起泡法和插入法中的任何一种。

```c
#include "stdio.h"
struct student
{ char name[20];
  float chi,math,eng;
};
void selesort(struct student a[],int n)
{ int i,j,k;
  struct student t;
  for(i=0;i<n-1;i++)
  { k=i;
    for(j=i+1;j<n;j++)
      if(a[j].eng<a[k].eng) k=j;
    if(k!=i)
    { t=a[k];a[k]=a[i];a[i]=t; }
  }
}
void main()
{ struct student a[4]={{"zhao",97.5,89.0,78.0},
                       {"qian",90.0,93.0,87.5},
                       {"sun", 75.0,79.5,68.5},
                       {"li",  82.5,69.5,54.0}};
  int i;
  selesort(a,4);
  printf("name\tchi\tmath\teng\n");
  for(i=0;i<4;i++)
    printf("%s\t%.1f\t%.1f\t%.1f\n",a[i].name,a[i].chi,a[i].math,a[i].eng);
}
```

(5) 建立一个存放学生数据的单向链表,然后删除指定学号的学生数据结点。

解答：链表中的学生数据结点应该包括学生记录的信息,如学号、姓名、性别、各门课成绩等,还要有链接下一结点的指针。为了简便,只定义学号和指针成员。删除时应先查找指定的学号位置,若找到,则删除,否则给出未找到的信息。

```c
#include "stdio.h"
#include "stdlib.h"
typedef struct node
{ char num[10];
  struct node * next;
}STU;
STU * crelink(int n)
```

```
{ STU * head, * p, * s;
  int i;
  if(n<1) return NULL;
  printf("Input %d numbers:\n",n);
  p=head=(STU *)malloc(sizeof(STU));
  gets(p->num);
  for(i=1;i<n;i++)
  { s=(STU *)malloc(sizeof(STU));
    gets(s->num);
    p->next=s;
    p=s;
  }
  p->next=NULL;
  return head;
}
void list(STU * head)
{ STU * p;
  p=head;
  while(p)
  { printf("%s-->",p->num);
    p=p->next;
  }
  printf("\n");
}
STU * delelink(STU * head,char * no)
{ STU * p, * q;
  if(head==NULL)
  { printf("linklist is NULL!\n"); return head; }
  q=head;
  while(q&&strcmp(q->num,no)!=0)
  { p=q; q=q->next; }
  if(q==NULL)
  { printf("%s not found!\n",no); return head; }
  if(q==head)
  { head=q->next; free(q); return head; }
  p->next=q->next;
  free(q);
  return head;
}
void main()
{ STU * H; char str[10];
  H=crelink(7);
  list(H);
  printf("Which you want to delete? ");
```

```
  gets(str);
  H=delelink(H,str);
  list(H);
}
```

(6) 建立两个单向链表 a 和 b,然后从 a 中删除在 b 中存在的结点。

解答: 用最简单的结点类型实现。在删除操作过程中,用一个指针(q)扫描链表 a,在链表 b 中查找 q 指向的结点值是否存在,可用一个指针(r)在链表 b 中查找。找到后要在链表 a 中进行删除操作,因此,用 q 指针在链表 a 中访问时要跟着一个指针(p),在进行删除操作时使用。链表为不带头结点的链表,在删除第一个结点时要特别注意。

```
#include "stdio.h"
#include "stdlib.h"
typedef struct node
{ int data;
  struct node * next;
}link;
link * crelink(void)
{ link * head, * p, * s;
  int x;
  printf("Input datas(-1:End): ");
  scanf("%d",&x);
  if(x==-1) return NULL;
  p=head=(link *)malloc(sizeof(link));
  p->data=x;
  scanf("%d",&x);
  while(x!=-1)
  { s=(link *)malloc(sizeof(link));
    s->data=x;
    p->next=s;
    p=s;
    scanf("%d",&x);
  }
  p->next=NULL;
  return head;
}
void list(link * head)
{ link * p;
  p=head;
  while(p)
  { printf("%5d",p->data);
    p=p->next;
  }
  printf("\n");
```

```
      }
    link * dela(link * a,link * b)
    { link * p, * q, * r;
      q=a;
      while(q)
      { r=b;                              /* 在链表 b 中查找 q 指向的结点值是否存在 */
        while(r&&r->data!=q->data)
          r=r->next;
        if(r)                             /* 存在时的处理 */
          if(q==a)
          { a=q->next; free(q);q=a; }     /* 删除第一个结点的处理方法 */
          else
          { p->next=q->next; free(q);q=p->next; } /* 删除非第一个结点的处理方法 */
        else
        { p=q;q=q->next; }                /* 不存在时的处理 */
      }
      return a;
    }
    void main()
    { link * H, * h;
      H=crelink();
      list(H);
      h=crelink();
      list(h);
      H=dela(H,h);
      list(H);
    }
```

(7) 将一个链表逆置,即结点的顺序前后颠倒。

解答:将一个链表逆置,可以看成是用一个已知的链表新建一个链表,结点还是原链表中的结点,只是不断地取下来并插入新建链表的首端即可。新建链表初始为空链表。

```
#include "stdio.h"
#include "stdlib.h"
typedef struct node
{ int data;
  struct node * next;
}link;
link * crelink(void)
{ link * head, * p, * s;
  int x;
  printf("Input datas(-1:End): ");
  scanf("%d",&x);
```

```
  if(x==-1) return NULL;
  p=head=(link *)malloc(sizeof(link));
  p->data=x;
  scanf("%d",&x);
  while(x!=-1)
  { s=(link *)malloc(sizeof(link));
    s->data=x;
    p->next=s;
    p=s;
    scanf("%d",&x);
  }
  p->next=NULL;
  return head;
}
void list(link * head)
{ link * p;
  p=head;
  while(p)
  { printf("%5d",p->data);
    p=p->next;
  }
  printf("\n");
}
link * revert(link * head)
{ link * p, * q;
  p=head;                    /* 用 p 标识待前插的结点 */
  head=NULL;                 /* 新建一个空链表 */
  while(p)
  { q=p->next;               /* 用 q 标识待前插结点的下一个结点 */
    p->next=head;            /* 将 p 结点前插 */
    head=p;
    p=q;
  }
  return head;
}
void main()
{ link * H;
  H=crelink();
  list(H);
  H=revert(H);
  list(H);
}
```

6.7 自测试题参考答案

1.单项选择题

(1) B   (2) C   (3) D   (4) A   (5) A   (6) D   (7) B

(8) C   (9) A   (10) B

2. 程序填空题

(1) ① STU   ② std[i].num   ③ std[i] 或 ＊(std＋i)

(2) ① NULL   ② p—＞data＝＝ch   ③ p—＞next

(3) ① p—＞next   ② q 或 q！＝NULL   ③ p—＞next

3. 程序分析题

(1) 1001,ZhangDa,1098.0   (2) Penghua 20045 537   (3) 5

(4) 13431   (5) 4,8

4. 程序设计题

(1)

```
#define N 10
typedef struct
{ char num[10]; int s;}STRUC;
int fun(STRUC * a,STRUC * b)
{ int i,j=0,max=a[0].s;
  for(i=0;i<N;i++)
    if(max<a[i].s) max=a[i].s;
  for(i=0;i<N;i++)
    if(max==a[i].s) b[j++]=a[i];
  return j;
}
```

(2)

```
typedef struct list
{ int data;struct list * next;}SLIST;
void fun(SLIST * p)
{ SLIST * t, * s;
  t=p->next;
  if(t!=NULL)
  { s=p;
    while(t->next!=NULL)
    { s=t;t=t->next;}
    printf("%d\n",t->data);
    s->next=NULL;
```

```
       free(t);
    }
}
```

6.8　实验题目参考答案

（1）

```
#include<stdio.h>
#define STUDENTS 10
struct student
{ int num;int yuwen;int math;int english;int total;} stu[STUDENTS];
void sort(struct student * ptr)
{ int i,j;
  struct student temp;
  for(i=0;i<STUDENTS-1;i++)
    for(j=i+1;j<STUDENTS;j++)
      if(ptr[i].total<ptr[j].total||ptr[i].total==ptr[j].total&&
          ptr[i].english<ptr[j].english)
      { temp=ptr[i];ptr[i]=ptr[j]; ptr[j]=temp; }
}
void main()
{ int i;
  for(i=0;i<STUDENTS;i++)
  { scanf("%d%d%d%d",&stu[i].num,&stu[i].yuwen,&stu[i].math,
          &stu[i].english);
    stu[i].total=stu[i].yuwen+stu[i].math+stu[i].english;
  }
  sort(stu);
  for(i=0;i<STUDENTS;i++)
    printf("%d\t%d\t%d\t%d\t%d\t%d\n",stu[i].num,stu[i].yuwen,
          stu[i].math,stu[i].english,stu[i].total,i+1);
}
```

（2）

```
#include "stdio.h"
#include "stdlib.h"
typedef int ElemType;
typedef struct node              /* 结点数据类型 */
{ ElemType data;                 /* 数据域 */
  struct node * next;            /* 指针域 */
}slink;
```

① 带头结点

```
slink * initlist(int n)              /* 创建一个含有 n 个元素的带头结点的单链表 */
{ slink * head, * p, * s;
  int i;
  p=head=(slink *)malloc(sizeof(slink));      /* 创建头结点 */
  for(i=1;i<=n;i++)
  { s=(slink *)malloc(sizeof(slink));
    scanf("%d",&s->data);
    p->next=s; p=s;
  }
  p->next=NULL;                        /* 尾结点的指针域置为空 */
  return head;
}
void list(slink * head)               /* 输出带头结点的单链表 */
{ slink *p;
  p=head->next;
  while(p!=NULL)
  { printf("%5d",p->data);p=p->next; }
  printf("\n");
}
void merge(slink * la,slink * lb)       /* 合并 */
{ slink * pa, * pb, * pc;
  pa=la->next;pb=lb->next;
  pc=la;        /* 将 la 作为新链表的头指针,pc 总是指向新链表的最后一个结点 */
  while(pa!=NULL&&pb!=NULL)
  { if(pa->data<=pb->data)
    { pc->next=pa;pa=pa->next; }      /* pa 指向的结点连到 pc 指向的结点之后 */
    else
    { pc->next=pb;pb=pb->next; }      /* pb 指向的结点连到 pc 指向的结点之后 */
    pc=pc->next;
  }
  if(pa!=NULL) pc->next=pa;           /* 若 la 表中还有剩余结点,则接入新表中 */
  else pc->next=pb;                   /* 若 lb 表中还有剩余结点,则接入新表中 */
  free(lb);
}
void main()
{ slink * H1, * H2;
  H1=initlist(6); H2=initlist(5);
  list(H1); printf("\n");
  list(H2); printf("\n");
  merge(H1,H2);
  list(H1);printf("\n");
}
```

② 不带头结点

```
slink * initlist1(int n)              /* 创建一个含有 n 个元素的不带头结点的单链表 */
{ slink * head, * p, * s;
  int i;
  p=head=NULL;
  for(i=1;i<=n;i++)
  { s=(slink * )malloc(sizeof(slink));
    scanf("%d",&s->data);
    if(i==1) {p=s;head=s;}
    else
    { p->next=s;p=s;}
  }
  p->next=NULL;                        /* 尾结点的指针域置为空 */
  return head;
}
void list1(slink * head)              /* 输出单链表 */
{ slink *p;
  p=head;
  while(p!=NULL)
  { printf("%5d",p->data);p=p->next;}
  printf("\n");
}
void merge1(slink * la,slink * lb)    /* 合并 */
{ slink * pa, * pb, * pc;
  if(la->data>lb->data) {pc=la;la=lb;lb=pc;}    /* 将 la 作为新链表的头指针 */
  pc=la;                               /* pc 总是指向新链表的最后一个结点 */
  pa=la->next;pb=lb;
  while(pa!=NULL&&pb!=NULL)
  { if(pa->data<=pb->data)
    { pc->next=pa;pa=pa->next;}        /* pa 指向的结点连到 pc 指向的结点之后 */
    else
    { pc->next=pb;pb=pb->next;}        /* pb 指向的结点连到 pc 指向的结点之后 */
    pc=pc->next;
  }
  if(pa!=NULL) pc->next=pa;            /* 若 la 表中还有剩余结点,则接入新表中 */
  else pc->next=pb;                    /* 若 lb 表中还有剩余结点,则接入新表中 */
}
void main()
{ slink * H1, * H2;
  H1=initlist1(6); H2=initlist1(5);
  list1(H1); printf("\n");
  list1(H2); printf("\n");
  merge1(H1,H2);
```

```
    list1(H1); printf("\n");
}
```

(3)

```
#include "stdio.h"
union u2                           /* 定义记录成绩的共用体类型 */
{ int em1;                         /* 35 岁以下职工的笔试成绩 */
  char em2;                        /* 记录 35 岁以上(含 35 岁)职工的上机成绩 */
};
struct person3                     /* 记录职工信息的结构体类型 */
{ long num;                        /* 记录职工的编号 */
  char name[10];                   /* 记录职工的姓名 */
  int age;                         /* 记录职工的年龄 */
  union u2 score;                  /* 记录职工的成绩 */
};
#define N 4
void main()
{ struct person3 per[N], * p;
  int i;
  for(i=0;i<N;i++)
  { scanf("%ld",&per[i].num);
    scanf("%s",per[i].name);
    scanf("%d",&per[i].age);
    if(per[i].age<35)              /* 35 岁以下输入整型成绩 */
      scanf("%d",&per[i].score.em1);
    else                           /* 35 岁以上输入字符型成绩 */
      scanf("%c",&per[i].score.em2);
  }
  p=per;
  printf("num name age score\n");
  for(;p<per+N;p++)
    if((p->age<35&&p->score.em1>=60)||(p->age>=35&&p->s  core.em2!='c'))
    { printf("%-6ld",p->num);
      printf("%-10s",p->name);
      if(p->age<35)
        printf("%-4d\n",p->score.em1);
      else
        printf("%c\n",p->score.em2);
    }
}
```

(4)

```
#include<stdio.h>
void main()
```

```
{ enum operation {plus,minus,times} opl;
  int x,y;
  scanf("%d%d",&x,&y);
  opl=plus;
  while(opl<=times)
  { switch(opl)
    { case plus:printf("%d+%d=%d\n",x,y,x+y);break;
      case minus:printf("%d-%d=%d\n",x,y,x-y);break;
      case times:printf("%d * %d=%d\n",x,y,x * y);break;
    }
    opl=(enum operation)((int)opl+1);
  }
}
```

(5)

```
#include "stdio.h"
#include "stdlib.h"
#define N 8
typedef struct list
{ int data;struct list * next;}SLIST;
int fun(SLIST * h)
{ SLIST * p; int s=0;
  p=h->next;
  while(p){ s+=p->data;p=p->next;}
  return s;
}
SLIST * creatlist(int a[])
{ SLIST * h, * p, * q; int i;
  h=p=(SLIST *)malloc(sizeof(SLIST));
  for(i=0;i<N;i++)
  { q=(SLIST *)malloc(sizeof(SLIST));
    q->data=a[i]; p->next=q; p=q;
  }
  p->next=NULL;
  return h;
}
void outlist(SLIST * h)
{ SLIST * p;
  p=h->next;
  if(p==NULL) printf("The list is NULL!\n");
  else
  { printf("\nHead");
    do{ printf("->%d", p->data); p=p->next;}while(p!=NULL);
    printf("->End\n");
```

```
  }
}
void main()
{ SLIST * head;
  int a[N]={12,87,45,32,91,16,20,48};
  head=creatlist(a);outlist(head);
  printf("\nsum=%d\n", fun(head));
}
```

6.9　思考题参考答案

(1) **答**：数组元素的数据类型必须相同,结构体成员的数据类型可以不同。

(2) **答**：结构体变量的成员是异址的,结构体变量所占的内存长度是各成员所占内存长度之和。共用体型变量的成员是同址的,共用体变量所占的内存长度等于其最长的成员所占的长度。

(3) **答**：结构体成员的数据类型不能是自身类型,但可以是自身的指针类型。

(4) **答**：数组的优点是可以随机存取数组中的数据。数组的缺点是必须事先定义固定的长度(元素个数),不能适应数据动态增减的情况,当数据增加时,可能超出原先定义的元素个数,当数据减少时,会造成内存空间的浪费。另外,在数组中插入、删除数据时,需要移动其他数据。链表的优点是可以动态地分配存储空间,适应数据增减的情况,且在插入、删除时无须移动数据结点。链表的缺点是指针域占用存储空间,且只能顺序存取链表中的数据。

(5) **答**：类型定义不分配内存空间,只有定义的变量分配内存空间,分配内存空间的大小由变量的类型决定。

第 7 章 文 件

CHAPTER

7.1 内容概述

本章主要介绍文件系统的基本概念和文件类型的定义,文件的打开与关闭函数调用,不同方式下文件读写函数调用,文件内读写位置定位函数调用。本章的知识结构如图 7.1 所示。

图 7.1 第 7 章知识结构

考核要求:掌握文件的基本概念,了解文件类型的定义内容,重点掌握文件的打开函数的参数设置及文件关闭函数,熟练掌握文件的字符读写函数,掌握文件的字符串读写函数,了解文件块读写函数,熟练掌握文件格式化读写函数,掌握文件结束判断方法,掌握文件读写位置的定位方法。

重点难点:本章的重点是文件类型指针的概念,文件打开、关闭、读写、定位、错误检测等系统函数的使用。本章的难点是有关文件处理的系统函数的使用,特别是读写函数的使用。

核心考点:文件打开使用方式参数设置,文件读写函数调用和文件读写位置定位。

7.2 典型题解析

【例7.1】 下列关于 C 语言数据文件的叙述中正确的是(　　　)。

　　A. 文件由 ASCII 码字符序列组成,C 语言只能读写文本文件

　　B. 文件由二进制数据序列组成,C 语言只能读写二进制文件

　　C. 文件由记录序列组成,可按数据的存放形式分为二进制文件和文本文件

　　D. 文件由数据流形式组成,可按数据的存放形式分为二进制文件和文本文件

解析:C 语言能处理的文件为流式文件,可分为二进制流和文本流两大类,统称数据文件。打开文件时需要指明文件类型。

答案:D

【例7.2】 若执行函数 fopen()时发生错误,则函数的返回值是(　　　)。

　　A. 随机值　　　　　　B. 1　　　　　　C. NULL　　　　　　D. EOF

解析:当程序通过函数 fopen()打开一个文件时,会获得指向 FILE 结构的指针,通过这个指针就可以对文件进行操作。在打开一个文件时,如果出错,函数 fopen()会返回一个空指针(NULL);如果成功打开一个文件,函数 fopen()会返回文件指针。在程序中可以用这一信息判断是否完成打开文件的操作,并做相应的处理。

答案:C

【例7.3】 当正常执行文件关闭操作时,函数 fclose()的返回值是(　　　)。

　　A. －1　　　　　　B. 随机值　　　　　　C. 0　　　　　　D. 1

解析:使用函数 fclose()关闭文件可以把缓冲区内最后剩余的数据输出到文件中,并释放文件指针和有关的缓冲区。若关闭成功,则返回 0,否则返回 EOF(－1)。

答案:C

【例7.4】 下列程序的功能是从键盘输入文件名,然后把从键盘输入的以"♯"结束的字符串及字符个数存放到该文件中。请填空。

```
#include "stdio.h"
#include "stdlib.h"
void main()
{ FILE * fp;
  char ch, fname[32]; int count=0;
  printf("Input the filename :"); scanf("%s", fname);
  if((fp=fopen(____①____, "w"))==NULL)
  { printf("Can't open file:%s\n", fname); exit(0); }
  printf("Enter string(#:end):");
  ____②____;
  while((ch=getchar())!='#')
  { fputc(ch, fp); ____③____; }
  fprintf(fp, "\n%d\n", count);
  fclose(fp);
}
```

解析：函数 fopen()以字符串常量形式或字符串首地址形式给出所打开文件的信息，包括存储位置及名称。本题中，将文件信息名存储在数组 fname 中，函数 fopen()使用字符数组首地址，因此①处应填 fname。在读入字符之前，需要将键盘缓冲区中的 Enter 读出，因此②处应填 getchar()。变量 count 记录从键盘输入的字符数，因此③处应填 count＋＋（或＋＋count，或 count＝count＋1，或 count＋＝1）。

答案：① fname   ② getchar();   ③ count＋＋

【**例 7.5**】 下列程序运行后，文件 t1.txt 中的内容是（   ）。

```
#include "stdio.h"
void WriteStr(char * fn,char * str)
{ FILE * fp;
  fp=fopen(fn,"w");
  fputs(str,fp);
  fclose(fp);
}
void main()
{ WriteStr("t1.txt","start");
  WriteStr("t1.txt","end");
}
```

　　A. start   B. end   C. startend   D. endrt

解析：函数 fopen()以写方式打开文件时，若原文件存在，则将文件清空；若原文件不存在，则创建空文件。本题中，文件打开在函数 WriteStr()中完成，函数调用两次，文件打开两次，每次都是在空文件中存入新的内容，因此文件内容为最后一次存入的信息。

答案：B

【**例 7.6**】 有如下程序，若文件 f1.txt 中原有内容为 good，则程序运行后文件 f1.txt 中的内容为（   ）。

```
#include "stdio.h"
void main()
{ FILE * fp1;
  fp1=fopen("f1.txt","a");
  fprintf(fp1,"abc");
  fclose(fp1);
}
```

　　A. goodabc   B. abcd   C. abc   D. abcgood

解析：函数 fopen()以"a"（追加）方式打开文件时，将文件位置指针置于文件末尾，向文件写入的数据将接在原内容之后。

答案：A

【**例 7.7**】 若有以下定义和函数说明：

```
struct ss { int n;float x; } a[30];
FILE * fp;
```

则不能将数组 a 中的数据写入文件的语句是(　　)。

  A. for(i=0;i<10;i++)

      fwrite(&a[i], sizeof(struct ss),1L,fp);

  B. for(i=0;i<15;i++,i++)

      fwrite(a+i,sizeof(struct ss),2L,fp);

  C. for(i=0;i<30;i++)

      fwrite(&a[i],sizeof(struct ss),1L,fp);

  D. fwrite(a, sizeof(struct ss),30L,fp);

解析：函数 fwrite()用于将一个数据块写入已打开的文件中,调用函数时需要指明所写入的数据块在内存中的存储首地址、每块字节数、块的个数。因此,可以把结构体数组中的 30 个元素当作一块一次性写入,也可以把每个元素或每两个相邻元素等当作一块通过循环实现数组元素写入。选项 A 只写入了 10 个元素。

答案：A

【例 7.8】　函数调用语句"fseek(fp, -10L, 2);"的含义是将文件位置指针(　　)。

  A. 移动到距离文件头 10 字节处

  B. 从当前位置向文件尾方向移动 10 字节

  C. 移动到距离文件尾 10 字节处

  D. 从当前位置向文件头方向移动 10 字节

解析：函数 fseek()用于对文件位置指针进行定位,实现文件信息的随机存取。函数 fseek()的格式为"fseek(fp,位移量,起始点)",其功能是将文件位置指针从"起始点"开始移动"位移量"的距离(字节数)。若位移量为负数,则表明向文件头的方向移动,否则向文件尾的方向移动。起始点的值为 0(或 SEEK_SET)表示从文件头开始;起始点的值为 1 (或 SEEK_CUR)表示从当前位置开始;起始点的值为 2(或 SEEK_END)表示从文件尾开始。

答案：C

【例 7.9】　以下程序段的功能是求文件长度,请填空。

```
#include "stdio.h"
void main()
{ FILE * myf; long f1;
  myf=fopen("f1.txt","rb");
  fseek(myf,0,____①____);
  f1=____②____(myf);
  fclose(myf);
  printf("%d\n",f1);
}
```

解析：通过函数 fseek()将位置指针定位于文件尾,即起始点为 SEEK_END(或 2),再通过函数 ftell()读出文件位置指针值,即可得到文件长度。

答案：① SEEK_END(或 2)　　　　　　② ftell

【例 7.10】　以下与函数 fseek(fp,0L,SEEK_SET)有相同作用的是(　　)。

　　　　A. feof(fp)　　　　　　B. ftell(fp)　　　　　　C. fgetc(fp)　　　　　　D. rewind(fp)

解析：函数 fseek()中的起始点值为 SEEK_SET,位移量为 0,表明将位置指针置于文件起始点。函数 rewind()的功能为将文件指针重新指向一个流(数据流/文件)的开头。

答案：D

7.3　自测试题

1. 单项选择题

(1) 要打开一个已存在的非空文件 file.c 用于修改,则下列语句中正确的是(　　)。

　　　　A. fp＝fopen("file.c","r");　　　　　　B. fp＝fopen("file.c","w");

　　　　C. fp＝fopen("file.c","r＋");　　　　　　D. fp＝fopen("file.c","w＋");

(2) 若用函数 fopen()打开一个新的二进制文件,要求文件既能读又能写,则应选用的文件打开方式是(　　)。

　　　　A. "w＋"　　　　　　B. "r＋"　　　　　　C. "rb＋"　　　　　　D. "a＋"

(3) 若调用函数 fputc()输出字符成功,则函数的返回值是(　　)。

　　　　A. 输出的字符　　　　B. −1　　　　　　C. 0　　　　　　D. EOF

(4) EOF 的值是(　　)。

　　　　A. 0　　　　　　　　B. 1　　　　　　C. End of File　　　　D. −1

(5) 设有以下结构体类型数组的定义,且数组 mini 的 10 个元素都已赋值,若要将这些元素写到 fp 所指向的文件中,则以下形式中不正确的是(　　)。

```
struct abc { int a;char b;float c[4]; } mini[10];
```

　　　　A. fwrite(mini,10 * sizeof(struct abc),1,fp);

　　　　B. fwrite(mini,5 * sizeof(struct abc),2,fp);

　　　　C. for(i＝0;i＜10;i＋＋)

　　　　　　　　fwrite(mini,sizeof(struct abc),1,fp);

　　　　D. fwrite(mini,sizeof(struct abc),10,fp);

(6) 函数 rewind()的作用是使文件位置指针(　　)。

　　　　A. 重新返回文件的开头　　　　　　　　B. 返回到前一个字符的位置

　　　　C. 指向文件的末尾　　　　　　　　　　D. 自动移至下一个字符的位置

(7) 以下关于文件指针的描述中错误的是(　　)。

　　　　A. 文件指针是用文件类型 FILE 定义的

　　　　B. 文件指针是指向内存某个单元的地址

　　　　C. 文件指针是用来对文件操作的标识

　　　　D. 文件指针在一个程序中只能有一个

(8) 使用函数 fopen()打开一个文件时,文件位置指针指向(　　)。

A. 文件首   B. 文件尾

C. 文件首或文件尾   D. 文件任何位置

(9) 以下可以作为函数 fopen()中的第一个参数的是( )。

    A. C:user\text.txt   B. C:\user\text.txt

    C. "C:\user\text.txt"   D. "C:\\user\\text.txt"

(10) 以下程序的功能是把从终端输入的字符输出到名为 abc.txt 的文件中,直到从终端读入的字符为"♯"时结束输入和输出操作,但该程序有错,出错的原因是( )。

```
#include "stdio.h"
void main()
{ FILE * fout; char ch;
  fout=fopen('abc.txt', 'w');
  ch=fgetc(stdin);
  while(ch!='#')
  { fputc(ch,fout);ch=fgetc(stdin);}
  fclose(fout);
}
```

A. 函数 fopen()的调用形式有错误   B. 文件没有关闭

C. 函数 fgetc()的调用形式有错误   D. 文件指针 stdin 没有定义

2. 程序填空题

(1) 下列程序的功能是统计文件中小写字母 a 的个数。请填空。

```
#include "stdio.h"
#include "stdlib.h"
void main()
{ FILE * fp;
  char m;long n=0;
  if((fp=fopen("f1.txt", "r"))==NULL)
  { printf("cannot open file\n");exit(0);}
  while(_____①_____)
  { m=_____②_____;
    if(m=='a')_____③_____;
  }
  printf("n=%ld\n", n);
  fclose(fp);
}
```

(2) 下列程序的功能是将文件 exam1.txt 中的内容复制到 exam2.txt 中。请填空。

```
#include "stdio.h"
void main()
{ FILE * fp1, * fp2;
  char str[81];;
```

```
    fp1=fopen(_____①_____);
    fp2=fopen(_____②_____);
    while(!feof(fp1))
    { fgets(str,81,fp1);
      fputs(_____③_____);
    }
    fclose(fp1);
    fclose(fp2);
}
```

（3）设文件 num.txt 中存放了一组整数。下列程序的功能是统计并输出文件中正整数、负整数和 0 的个数。请填空。

```
#include "stdio.h"
void main()
{ FILE * fp;
  int p=0,n=0,z=0,temp;
  fp=_____①_____;
  if(fp==NULL)
    printf("file not found\n");
  else
  { while(!feof(fp))
    { fscanf(_____②_____);
      if(temp>0) p++;
      else if(temp<0) n++;
           else _____③_____;
    }
  }
  fclose(fp);
  printf("positive=%d,negtive=%d,zero=%d\n",p,n,z);
}
```

3. 程序分析题

（1）写出下列程序的运行结果。

```
#include "stdio.h"
void main()
{ FILE * fp;int i,a[4]={1,2,3,4},b;
  fp=fopen("data.dat","wb");
  for(i=0;i<4;i++)
  fwrite(&a[i],sizeof(int),1,fp);
  fclose(fp);
  fp=fopen("data.dat","rb");
  fseek(fp,-2L*sizeof(int),SEEK_END);
  fread(&b,sizeof(int),1,fp);
```

```
    fclose(fp);
    printf("%d\n",b);
}
```

（2）写出下列程序的运行结果。

```
#include "stdio.h"
void main()
{ FILE * fp; int i, k, n;
  fp=fopen("data.dat", "w+");
  for(i=1;i<6;i++)
  { fprintf(fp,"%d",i);
    if(i%3==0) fprintf(fp,"\n");
  }
  rewind(fp);
  fscanf(fp, "%d%d", &k, &n);
  printf("%d %d\n", k, n);
  fclose(fp);
}
```

（3）写出下列程序的运行结果。

```
#include "stdio.h"
void main()
{ FILE * fp;
  int i,k=0,n=0;
  fp=fopen("d1.dat","w");
  for(i=1;i<4;i++)
    fprintf(fp, "%d\n",i);
  fclose(fp);
  fp=fopen("d1.dat", "r");
  fscanf(fp, "%d%d",&k, &n);
  printf("%d %d\n",k,n);
  fclose(fp);
}
```

4. 程序设计题

（1）编写一个修改文本文件的程序。要求：输入一个整数，该整数表示相对于文件头的偏移量，然后程序按此显示文件中原来的值并询问是否修改，若修改，则输入新值，否则进行下一次修改；若输入−1，则程序结束。

（2）在文件 student.dat 中存放学生基本信息，包括学号、姓名、年龄、性别、专业和住址。编写程序，输出学号 2012001～2012050 的学生学号、姓名、年龄和性别。

7.4　实验题目

（1）有两个磁盘文件 A.txt 和 B.txt，各存放一行字母(不多于 80 个字符)，字母已经按字典顺序排列,要求把两个文件中的信息合并(按字母顺序排列),相同字符仅保留一个,输出到新文件 C.txt 中。

（2）有 10 名学生的数据(包括学号、姓名和 3 门课程的成绩)存放在文件 score.dat 中。编写程序,把有不及格成绩的学生数据存放到文件 nopass.dat 中,成绩都合格的学生数据存放到文件 pass.dat 中。

7.5 思考题

（1）在 C 语言中,文件类型是基本数据类型吗?

（2）在文件打开函数中,文件名必须是字符串常量吗?

（3）为什么文件使用结束后必须关闭?

（4）怎样实现文件内容的随机读写?

（5）文件指针与文件位置指针的区别是什么?

7.6 习题解答

1. 单项选择题

（1）下列叙述中正确的是(   )。

　　① 对文件操作必须先打开文件

　　② 对文件操作必须先关闭文件

　　③ 对文件操作的顺序没有要求

　　④ 对文件操作前必须先测试文件是否存在,然后打开文件

解答：对文件操作的顺序是：打开文件→读写操作→关闭文件。打开文件是指将文件从外存调入内存,并与文件指针建立关联。文件使用结束应及时关闭,以免丢失信息,关闭文件的同时也是保存的过程。

答案：①

（2）C 语言中,指向系统的标准输入文件的指针是(   )。

　　① stdout　　　　　　② stdin　　　　　　③ stderr　　　　　　④ stdprn

解答：C 语言中有 3 个标准文件指针常量 stdin、stdout 和 stderr,分别指向标准输入文件(键盘)、标准输出文件(显示器)和标准出错处理文件。

答案：②

（3）C 语言可以处理的文件类型是(   )。

　　① 文本文件和数据文件　　　　　　② 文本文件和二进制文件

　　③ 数据文件和文本文件　　　　　　④ 数据代码文件

解答：C 语言能处理的文件为流式文件,可以是二进制流和文本流两大类,统称数据文件。

答案：②

（4）C 语言中,库函数 fgets(str,n,fp)的功能是(   )。

① 从 fp 指向的文件中读取长度为 n 的字符串存入 str 开始的内存

② 从 fp 指向的文件中读取长度不超过 n−1 的字符串存入 str 开始的内存

③ 从 fp 指向的文件中读取 n 个字符串存入 str 开始的内存

④ 从 str 开始的内存中读取至多 n 个字符存入 fp 指向的文件

解答:函数 fgets(str,n,fp) 的功能是从 fp 所指向的文件中取出至多 n−1 个字符构成的字符串,存入 str 开始的内存单元。若在取字符过程中遇到行结束标志(Enter)或文件结束标志(EOF),则读取操作自动结束。取字符结束后自动在末尾加上字符串结束标志('\0')。

答案:②

(5) 若 fp 是指向某文件的指针,且已读到文件的末尾,则表达式 feof(fp) 的值为(　　)。

① EOF　　　　　　② −1　　　　　　③ 非零值　　　　　　④ NULL

解答:feof() 为测试文件是否结束的函数,若文件结束,则其值为 1,否则为 0。

答案:③

(6) 下列程序向文件输出的结果是(　　)。

```
#include "stdio.h"
void main()
{ FILE * fp;
  fp=fopen("test.txt","wb");
  fprintf(fp,"%d%5.0f%c%d",58,76273.0,'-',2278);
  fclose(fp);
}
```

① 58□76273□−□2278　　　　　　② 5876273.000000−2278

③ 5876273−2278　　　　　　　　④ 因文件为二进制文件而不可读

解答:该程序按只写入二进制的方式打开文件 test.txt,并写入 4 个数据。

答案:③

(7) 下列对 C 语言的文件存取方式的叙述中正确的是(　　)。

① 只能顺序存取

② 只能随机存取

③ 可以顺序存取,也可以随机存取

④ 只能从文件的开头存取

解答:C 语言在文件中存取数据有两种方式:顺序存取和随机存取,既可以通过一般的读写操作函数进行顺序存取,也可以先用函数 fseek() 对文件中的位置指针进行定位,再用读写操作函数进行存取,实现随机存取。

函数 fseek() 的格式为“fseek(fp,位移量,起始点)”,含义为将文件中的位置指针从“起始点”开始移动“位移量”距离(字节数)。若位移量为负数,则向文件头的方向移动,否则向文件尾的方向移动。

答案:③

(8) 下列语句中,将 c 定义为文件型指针的是(　　)。

① FILE c；　　　② FILE ＊ c；　　　③ file c；　　　④ file ＊ c；

解答：文件类型标识符为 FILE，可用于定义文件类型指针变量。在头文件"stdio.h"中包含了该类型定义，其中的每个字母均为大写。

答案：②

（9）标准库函数 fputs(p1,p2)的功能是（　　）。

① 从 p1 指向的文件中读取一个字符串存入 p2 开始的内存

② 从 p2 指向的文件中读取一个字符串存入 p1 开始的内存

③ 从 p1 开始的内存中读取一个字符串存入 p2 指向的文件

④ 从 p2 开始的内存中读取一个字符串存入 p1 指向的文件

解答：函数 fputs(p1,p2)的功能是将 p1 代表的字符串写入文件指针 p2 指向的文件中。其中，p1 既可以为内存地址，也可以为字符串常量。

答案：③

（10）已知一个文件中存放有若干学生数据，其数据结构为

```
struct st
{ char name[10];
  int age;
  float s[5];
};
```

定义一个数组：struct st a[10];，假设文件已正确打开，则不能正确地从文件中读取 10 名学生数据到数组 a 的语句是（　　）。

① fread(a,sizeof(struct st),10,fp);

② for(i=0;i<10;i++)

　　fread(a[i],sizeof(struct st),1,fp);

③ for(i=0;i<10;i++)

　　fread(a+i,sizeof(struct st),1,fp);

④ for(i=0;i<5;i+=2)

　　fread(a+i,sizeof(struct st),2,fp);

解答：函数 fread()的调用格式为"fread(buffer,size,count,fp)"，其功能为从文件指针 fp 指向的文件中读出 count 个 size 字节的数据存入内存 buffer 开始的单元。在选项②中，a[i]不是地址量，所以该选项是错误的。

答案：②

2. 程序分析题

（1）下列程序的功能是什么？

```
#include "stdio.h"
#include "stdlib.h"
void main()
{ FILE * fp1, * fp2;
  if((fp1=fopen("C:\\user\\p1.c","r"))==NULL)
```

```
{ printf("Can not open file!\n");
  exit(0);
}
if((fp2=fopen("D:\\p1.c","w"))==NULL)
{ printf("Can not open file!\n");
  exit(0);
}
while(1)
{ if(feof(fp1)) break;
  fputc(fgetc(fp1),fp2);
}
fclose(fp1);fclose(fp2);
}
```

解答：语句"fp1＝fopen("C:\\user\\p1.c","r");"按只读方式打开一个磁盘文件 p1.c,准备读出信息。语句"fp2＝fopen("D:\\p1.c","w");"按只写入方式打开一个磁盘文件 p1.c,准备写数据到该文件。循环语句完成文件内容复制,即将 fp1 所指文件中的内容写入 fp2 所指文件。两个文件虽然同名,但存放位置不同,一个是 C 盘的 user 文件夹,另一个是 D 盘的根目录。

答案：该程序的功能是将 C 盘 user 文件夹中的文件 p1.c 复制到 D 盘根目录下,文件名不变。

(2) 下列程序的功能是什么?

```
#include "stdio.h"
#include "stdlib.h"
void main()
{ FILE * fp;
  int num=0;
  if((fp=fopen("TEST.txt","r"))==NULL)
  { printf("Can not open file!\n");
    exit(0);
  }
  while(fgetc(fp)!=EOF)
    num++;
  fclose(fp);
  printf("num=%d",num);
}
```

解答：语句"fp＝fopen("TEST.txt","r");"按只读方式打开一个文件 TEST.txt,循环语句完成文件中的字符数统计。

答案：该程序的功能是统计当前文件夹下文件 TEST.txt 中的字符数。因为一个字符占 1 字节,所以该程序也可用于测试一个文本文件的大小。

3. 程序填空题(在下列程序的_____处填上正确的内容,使程序完整)

(1) 下列程序的功能是从键盘输入一个文件名,然后把从键盘输入的字符依次存放到磁盘文件中,直到输入一个"#"为止。

```
#include "stdio.h"
#include "stdlib.h"
void main()
{  FILE * fp;
   char ch,filename[20];
   scanf("%s",filename);            /* 输入文件名 */
   if(_____①_____)
   { printf("cannot open file\n");
     exit(0);
   }
   while((ch=getchar())!='#')
     _____②_____;
   fclose(fp);
}
```

解答:向文件中写入字符时,文件应按只写入文本的方式打开。题目中,文件名从键盘输入并存入字符数组 filename 中。循环语句完成从键盘读取并向文件写入字符操作。

答案:① (fp=fopen(filename,"w"))==NULL　　② fputc(ch,fp)

(2) 下列程序的功能是从一个二进制文件中读取结构体数据,并把读出的数据显示在屏幕上。

```
#include "stdio.h"
struct rec
{ int a;
  float b;
};
void recout(FILE * fp)
{ struct rec r;
  do
  { fread(_____①_____,sizeof(struct rec),_____②_____,fp);
    if(_____③_____) _____④_____;
    printf("%d,%f",r.a,r.b);
  }while(1);
}
void main()
{ FILE * fp;
  fp=fopen("file.dat","rb");
  recout(fp);
  fclose(fp);
}
```

解答:该程序中,按只读二进制方式打开文件 file.dat,用函数 fread() 读取数据并将其显示到屏幕上。从函数 recout() 中可以看出,每次读出 1 个数据块并存入内存变量 r 中,如果数据已读取完(已到文件尾),则退出循环。

答案： ① &r   ② 1   ③ feof(fp)   ④ break

(3) 下列程序的功能是将文件 student.txt 中的第 i 个学生的信息输出。

```c
#include "stdio.h"
#include "stdlib.h"
struct stu
{ char name[10];int num;int age;}stud[10];
void main()
{ int i;
  FILE * fp;
  if((fp=fopen("student.txt","rb"))==NULL)
  { printf("cannot open file\n");
    exit(0);
  }
  scanf("%d",&i);
  fseek(_____①_____);
  fread(_____②_____,sizeof(struct stu),1,fp);
  printf("%s %d %d\n",stud[i-1].name,stud[i-1].num,stud[i-1].age);
}
```

解答： 从文件中直接取出第 i 个学生的信息,应先将位置指针定位到这个位置,移动量要以一条学生记录为单位,从文件头开始移动比较合适,再将取出的记录存入数组元素 stud[i-1]中,以保证正常输出。程序中没有对 i 的合理性做出预判,当 i 的值不合理时会出错,i 的取值范围应为 1～学生数。

答案： ① fp,sizeof(struct stu) * (i-1),SEEK_SET(SEEK_SET 也可用 0 替代)
        ② stud+i-1 或 &stud[i-1]

4. 程序改错题(下列每段程序中各有一个错误,请找出并改正)

(1) 下列程序的功能是显示文件 data.txt 的内容。

```c
#include "stdio.h"
void main()
{ FILE * fp;
  char ch;
  fp=fopen("data.txt","w");
  ch=fgetc(fp);
  while(ch!=EOF) {putchar(ch);ch=fgetc(fp);}
  fclose(fp);
}
```

解析： 要显示文件中的内容,文件应按只读方式打开,而不能按只写方式打开。
答案：
错误行：fp=fopen("data.txt","w");
改正为：fp=fopen("data.txt","r");

（2）下列程序的功能是将一个结构体数据写入磁盘文件 f1.txt 中。

```
#include "stdio.h"
struct rec
{ int a;
  char b;
};
void main()
{ struct rec r;
  file * f1;
  r.a=100;
  r.b='G'-32;
  f1=fopen("f1.txt","w");
  fwrite(&r,sizeof(r),1,f1);
  fclose(f1);
}
```

解答：C 语言区分英文字母大小写，文件类型标识符是 FILE。

答案：

错误行：file * f1；

改正为：FILE * f1；

5．程序设计题

（1）编写程序，统计一个文本文件中含有英文字母的个数。

解答：可以编辑一个文本文件，也可以用 C 程序文件代替，因为 C 程序中的英文字母较多。本题中，先按只读文本方式打开一个文本文件，然后用计数变量对读出的字母字符进行统计并输出。

```
#include "stdio.h"
#include "stdlib.h"
void main()
{ FILE * fp; int n=0;
  char ch,filename[20];
  printf("Input a file name:");
  gets(filename);
  if((fp=fopen(filename,"r"))==NULL)
  { printf("This file is not exist!\n"); exit(0); }
  while(!feof(fp))
  { ch=fgetc(fp);
    if(ch>='a'&&ch<='z'||ch>='A'&&ch<='Z') n++;
  }
  printf("Count=%d\n",n);
  fclose(fp);
}
```

注：运行程序时，必须输入一个磁盘中存在的文本文件，包括盘符、路径、主文件名和扩展名，若是在当前文件夹下，则盘符和路径可以省略。

该程序中，判断字母字符的条件是"ch>='a'&&ch<='z'||ch>='A'&&ch<='Z'"，也可以用isalpha(ch)函数代替，但要在前面包含头文件 ctype.h。

（2）编写程序，实现两个文本文件的连接。

解答：两个文件连接的方式有 3 种，一是将两个文件先后写入另一个文件中，二是将第 2 个文件写入第 1 个文件的尾部，三是将第 1 个文件写入第 2 个文件的尾部。在此，用第一种方式较为合适，因此需要打开 3 个文件，两个已知的文件用只读文本文件的方式（r）打开，目标文件用只写入文本文件的方式（w）打开。依次将读取的字符写入目标文件即可。

```
#include "stdio.h"
#include "stdlib.h"
void main()
{ FILE * fp1, * fp2, * fp3;
  char ch,filename[3][20]; int i;
  printf("Input 3 file's name:");
  for(i=0;i<3;i++)
    gets(filename[i]);
  if((fp1=fopen(filename[1],"r"))==NULL)
  { printf("The file %s is not exist!\n",filename[1]); exit(0);}
  if((fp1=fopen(filename[2],"r"))==NULL)
  { printf("The file %s is not exist!\n",filename[2]); exit(0);}
  fp3=fopen(filename[0],"w");
  while((ch=fgetc(fp1))!=EOF)
    fputc(ch,fp3);
  while((ch=fgetc(fp2))!=EOF)
    fputc(ch,fp3);
  fclose(fp1);
  fclose(fp2);
  fclose(fp3);
}
```

注意：运行程序时，要输入 3 个文件的全名，前两个文件必须是磁盘上已经存在的文本文件。

（3）编写程序，对名为 CCW.txt 的磁盘文件中"@"号之前的所有字符进行加密，加密的方法是将每个字符的 ASCII 码值减 10。

解答：该题要求对已知的文件内容进行改写，正常情况下应该按读写方式打开该文件，读出当前位置的字符，修改后再写入当前位置。但读字符函数会使位置指针后移，所以修改时要先将位置指针回退一个字符位置，再写入字符。这种做法比较麻烦，容易出错。另一种简便的方法是将该文本文件中的字符依次取出，修改后写入另一个文本文件中。

方法一：将文件 CCW.txt 中"@"号之前的内容加密后写入文件 CCWC.txt 中，剩余字符依次原样写入文件 CCWC.txt 中。

```
#include "stdio.h"
#include "stdlib.h"
void main()
{ FILE * fp1, * fp2;char ch;
  if((fp1=fopen("CCW.txt","r"))==NULL)
  { printf("Can't open this file!\n"); exit(0);}
  fp2=fopen("CCWC.txt","w");
  while((ch=fgetc(fp1))!=EOF)
    if(ch!='@')
    { ch-=10;
      fputc(ch,fp2);
    }
    else  break;
  do
    fputc(ch,fp2);
  while((ch=fgetc(fp1))!=EOF);
  fclose(fp1);
  fclose(fp2);
}
```

方法二：将文件 CCW.txt 中"@"号之前的内容加密后写入原位置。

```
#include "stdio.h"
#include "stdlib.h"
void main()
{ FILE * fp;char ch;
  if((fp=fopen("CCW.txt","r+"))==NULL)     /* 按读写方式打开文件 CCW.txt */
  { printf("Can't open this file!\n"); exit(0);}
  while((ch=fgetc(fp))!=EOF)
    if(ch!='@')
    { ch-=10;
      fseek(fp,-1L,SEEK_CUR);              /* SEEK_CUR 也可以用 1 代替 */
      fputc(ch,fp);
      fseek(fp,0,SEEK_CUR);                /* 通过重新定位改变读写方式 */
    }
    else break;
  fclose(fp);
}
```

（4）从键盘输入一组以"#"号结束的字符。若为小写字母，则将其转换成大写字母，然后输出到磁盘文件 little.txt 中保存。

解答：从键盘输入字符可用 getchar() 函数，在输入时要以"#"号结束。将输入的字符写入文件 little.txt 中,该文件应该按"w"方式打开。大小写字母的 ASCII 码值相差 32。

```
#include "stdio.h"
void main()
{ FILE * fp; char ch;
  fp=fopen("little.txt","w");
  while((ch=getchar())!='#')
  { if(ch>='a'&&ch<='z')
      ch-=32;
    fputc(ch,fp);
  }
  fclose(fp);
}
```

(5) 将一个磁盘文件中的空格删除后存入另外一个文件中。

解答:源文件按只读方式打开,目标文件按只写入方式打开,然后将源文件中的非空格字符依次写入目标文件即可。

```
#include "stdio.h"
#include "stdlib.h"
void main()
{ FILE * fp1, * fp2; char ch,filename[2][15];
  printf("Input source file's name:");
  gets(filename[0]);
  printf("Input target file's name:");
  gets(filename[1]);
  if((fp1=fopen(filename[0],"r"))==NULL)
  { printf("Can't open this file!\n"); exit(0);}
  fp2=fopen(filename[1],"w");
  while((ch=fgetc(fp1))!=EOF)
    if(ch!=' ')
      fputc(ch,fp2);
  fclose(fp1);
  fclose(fp2);
}
```

(6) 有 5 名学生,每名学生有 4 门课的成绩,从键盘输入每名学生的数据(学号、姓名和 4 门课的成绩),计算平均成绩,将原有数据和计算出的平均成绩存入磁盘文件 file.txt 中。

解答:因为要计算平均成绩并写入文件中,所以在设计结构体类型时应该考虑加入平均成绩项。将学生成绩表写入文件中,既可以用函数 fwrite(),也可以用函数 fprintf()。用函数 fprintf()实现可以直接通过各种字处理系统(如记事本、Word 等)查看文件内容,用函数 fwrite()实现只能读出后显示到屏幕上。

```
#include "stdio.h"
struct stu
{ char num[8],name[10];
  int math,phy,chi,eng;
  float ave;
};
void main()
{ FILE * fp;
  struct stu a; int i;
  fp=fopen("file.txt","w");
  for(i=0;i<5;i++)
  { scanf("%s%s%d%d%d%d",a.num,a.name,&a.math,&a.phy,&a.chi,&a.eng);
    a.ave=(a.math+a.phy+a.chi+a.eng)/4.0;
    fprintf(fp,"%s %s %d %d %d %d %.2f\n",
               a.num,a.name,a.math,a.phy,a.chi,a.eng,a.ave);
  }
  fclose(fp);
}
```

程序中的语句：

```
fprintf(fp,"%s %s %d %d %d %d %.2f\n",
           a.num,a.name,a.math,a.phy,a.chi,a.eng,a.ave);
```

也可改为

```
fwrite(&a,sizeof(struct stu),1,fp);
```

(7) 将题(6)file.txt 文件中的学生数据按平均成绩进行升序排序处理,然后将排序后的学生数据存入新文件 newfile.txt 中。

解答：涉及排序问题,只能在一维数组中进行,所以本题需要从文件 file.txt 中读取数据到内存数组中,可用 3 种排序方法进行排序(选择法、起泡法和插入法)。用插入法排序时可边读边进行插入操作,最后将排序结果存入另一文件即可。需要注意的是,读取的记录个数要保留到一个变量中。

```
#include "stdio.h"
struct stu
{ char num[8],name[10];
  int math,phy,chi,eng;
  float ave;
};
#define N 10
void main()
{ FILE * fp;
  struct stu a[N],t; int i,j;
  fp=fopen("file.txt","r");
```

```
i=0;
while(fscanf(fp,"%s%s%d%d%d%d%f",a[i].num,a[i].name,&a[i].math,
                      &a[i].phy,&a[i].chi,&a[i].eng,&a[i].ave)!=-1)
{ t=a[i];
  for(j=i-1;j>=0&&t.ave<a[j].ave;j--)
    a[j+1]=a[j];
  a[j+1]=t;
  i++;
}
fclose(fp);
fp=fopen("newfile.txt","w");
for(j=0;j<i;j++)
  fprintf(fp,"%s %s %d %d %d %d %.2f\n",
      a[j].num,a[j].name,a[j].math,a[j].phy,a[j].chi,a[j].eng,a[j].ave);
fclose(fp);
}
```

注意：若文件 file.txt 中的学生数据是用函数 fwrite()写入的,则该程序中的 while 语句的循环条件要改为"fread(a+i,sizeof(struct stu),1,fp)==1"。

(8) 编写函数,实现两个文本文件的比较。若相等,则返回0,否则返回第一次不相等的两个字符的 ASCII 码值的差。

解答：两个文本文件按只读方式打开,对读出的对应字符进行比较,即可得出结论。

```
#include "stdio.h"
#include "stdlib.h"
void main()
{ FILE * fp1, * fp2;
  char ch1,ch2,filename[2][15];
  printf("Input first file's name:");
  gets(filename[0]);
  printf("Input second file's name:");
  gets(filename[1]);
  if((fp1=fopen(filename[0],"r"))==NULL)
  { printf("Can't open first file!\n"); exit(0); }
  if((fp2=fopen(filename[1],"r"))==NULL)
  { printf("Can't open second file!\n"); exit(0); }
  while((ch1=fgetc(fp1))!=EOF&&(ch2=fgetc(fp2))!=EOF)
    if(ch1!=ch2) break;
  printf("Result: %d\n",ch1-ch2);
  fclose(fp1);
  fclose(fp2);
}
```

(9) 编写程序,将一个文本文件的每行内容逆置后存入原文件。

解答：按读写方式打开文件,先读出一行到字符数组,用一个函数将这个字符串逆置,再将字符数组写入该文件的原位置,重复此操作,直到文件结束。也可以将逆置后的字符串依次写入另一个文件,再存回到原文件中。

方法一:通过读出的字符数确定写入位置,逆置后写入原位置。

```
#include "stdio.h"
#include "stdlib.h"
void revert(char * s,int * n)              /* n用于记录字符串的长度 */
{ int i,j; char t;
  for(j=0;s[j]!='\0';j++);
  * n=j;
  j--;
  i=0;
  while(i<j)
  { t=s[i];s[i]=s[j];s[j]=t;
    i++;j--;
  }
}
void main()
{ FILE * fp;
  char str[80],filename[15];
  int n;
  printf("Input a file's name:"); gets(filename);
  if((fp=fopen(filename,"r+"))==NULL)
  { printf("Can't open this file!\n");exit(0);}
  while(fgets(str,80,fp)!=NULL)
  { revert(str,&n);
    fseek(fp,-(n+1),SEEK_CUR);              /* 定位到准备写入的位置 */
    fputs(str,fp);
    fseek(fp,0,SEEK_CUR);                   /* 改变读写状态 */
  }
  fclose(fp);
}
```

方法二:在读出前保存写入位置,逆置后写入原位置。

```
#include "stdio.h"
#include "stdlib.h"
void revert(char * s)
{ int i,j; char t;
  for(j=0;s[j]!='\0';j++);
  j--; i=0;
  while(i<j)
  { t=s[i];s[i]=s[j];s[j]=t;
    i++;j--;
  }
```

```
}
void main()
{ FILE * fp;
  char str[80],filename[15];
  int n;
  printf("Input a file's name:");
  gets(filename);
  if((fp=fopen(filename,"r+"))==NULL)
  { printf("Can't open this file!\n");exit(0);}
  n=ftell(fp);
  while(fgets(str,80,fp)!=NULL)
  { revert(str);
    fseek(fp,n,SEEK_SET);                    /* 定位,相对于文件头移动的距离 */
    fputs(str,fp);
    fseek(fp,0,SEEK_CUR);                    /* 改变读写方式,准备读 */
    n=ftell(fp);
  }
  fclose(fp);
}
```

方法三：逆置后写入另一个文件,再存回到原文件中。

```
#include "stdio.h"
#include "stdlib.h"
void revert(char * s)
{ int i,j; char t;
  for(j=0;s[j]!='\0';j++);
  j--;
  i=0;
  while(i<j)
  { t=s[i];s[i]=s[j];s[j]=t;
    i++;j--;
  }
}
void main()
{ FILE * fp1, * fp2;
  char str[80],filename[2][15],ch;
  printf("Input source file:");
  gets(filename[0]);
  printf("Input target file:");
  gets(filename[1]);
  if((fp1=fopen(filename[0],"r"))==NULL)
  { printf("Can't open source file!\n"); exit(0);}
  fp2=fopen(filename[1],"w");
  while(fgets(str,80,fp1)!=NULL)
```

```
      { revert(str);
        fputs(str,fp2);
      }
      fclose(fp1);
      fclose(fp2);
      fopen(filename[0],"w");
      fopen(filename[1],"r");
      while((ch=fgetc(fp2))!=EOF)
        fputc(ch,fp1);
      fclose(fp1);
      fclose(fp2);
  }
```

（10）编写程序,将文件 file.c 中的注释部分删除。注释部分以"/＊"为起始,以"＊/"为结束。

解答：将文件除"/＊…＊/"的部分写入另一个文件中比较快捷。先找到"/＊",再找到"＊/",这部分内容不写入另一个文件中。值得注意的是,文件中不一定只有一对"/＊"和"＊/",若在原文件上进行删除则很难完成,所以用另一个文件保存未删掉的内容,再存回到原文件会更加简单。在此,存回原文件的程序省略,以便更好地调试程序并进行比较。

```
#include "stdio.h"
#include "stdlib.h"
void main()
{ FILE * fp1, * fp2;
  char ch1,ch2;
  int wzp;
  if((fp1=fopen("file.c","r"))==NULL)
  { printf("Can't open this file!\n");exit(0);}
  fp2=fopen("filecopy.c","w");
  while(!feof(fp1))
  { if((ch1=fgetc(fp1))!='/')
      fputc(ch1,fp2);
    else if((ch2=fgetc(fp1))!='＊')
      { fputc(ch1,fp2);                    /＊ 先将"/"写入文件 ＊/
        fputc(ch2,fp2);
      }
    else
    { wzp=ftell(fp1);                       /＊ 保留找到"/＊"之后的位置 ＊/
      while(!feof(fp1)&&(fgetc(fp1)!='＊'||fgetc(fp1)!='/'));
                                            /＊ 跳过"/＊"和"＊/"之间的内容 ＊/
      if(feof(fp1))                         /＊ 若"/＊"开始后未找到对应的"＊/" ＊/
      { fseek(fp1,wzp-2,SEEK_SET);          /＊ 则定位到"/＊"处 ＊/
```

```
            while((ch1=fgetc(fp1))!=EOF)
                fputc(ch1,fp2);                    /* 将包含"/*"至末尾的字符写入文件 */
        }
    }
}
fclose(fp1);
fclose(fp2);
}
```

7.7 自测试题参考答案

1. 单项选择题

(1) C   (2) C   (3) A   (4) D   (5) C   (6) A   (7) D

(8) C   (9) D   (10) A

2. 程序填空题

(1) ① !feof(fp)   ② fgetc(fp)

　　 ③ n++(或++n,或 n+=1,或 n=n+1)

(2) ① "exam1.txt","r"   ② "exam2.txt","w"   ③ str,fp2

(3) ① fopen("num.txt","r")   ② fp,"%d",&temp

　　 ③ z++(或++z,或 z+=1,或 z=z+1)

3. 程序分析题

(1) 3   (2) 123 45   (3) 1 2

4. 程序设计题

(1)

```c
#include<stdio.h>
#include<stdlib.h>
void main(int argc,char * argv[])
{ FILE * fp;
  long off;
  char ch;
  if(argc!=2) { printf("\nerror");exit(0); }
  if((fp=fopen(argv[1],"r+"))==NULL)
  { printf("\nerror");exit(0); }
  do
  { printf("Input a integer:");
    scanf("%ld",&off);
    getchar();
    if(off==-1) break;
    fseek(fp,off,SEEK_SET);
```

```
      ch=fgetc(fp);
      if(feof(fp)) continue;
      printf("\nThe character is:%c",ch);
      printf("\nModify?");
      ch=getche();
      if(ch=='y'||ch=='Y')
      { printf("\nInput a character:");
        ch=getchar();
        fseek(fp,off,SEEK_SET);
        fputc(ch,fp);
      }
   }while(1);
   fclose(fp);
}
```

（2）

```
#include<stdio.h>
struct student
{ long num;
  char name[10];
  int age;
  char sex;
  char speciality[20];
  char addr[40];
};
void main()
{ FILE * fp;
  struct student std;
  fp=fopen("student.dat","rb");
  if(fp==NULL)
    printf("file not found\n");
  else
  { while(!feof(fp))
    { fread(&std,sizeof(struct student),1,fp);
      if(std.num>=20120001&&std.num<=20120050)
        printf("%ld %s %d %c\n",std.num,std.name,std.age,std.sex);
    }
  }
  fclose(fp);
}
```

7.8 实验题目参考答案

(1)

```c
#include<stdio.h>
void main()
{ char str1[81],str2[82],ch;
  int i ,j;
  FILE * fp1, * fp2, * fp3;
  fp1=fopen("A.txt","r");
  fp2=fopen("B.txt","r");
  fp3=fopen("C.txt","w");
  fgets(str1,81,fp1);
  fgets(str2,81,fp2);
  i=j=0;
  while(str1[i]&&str2[j])
  { if(str1[i]<str2[i]) ch=str1[i++];
    else if(str1[i]>str2[j]) ch=str2[j++];
        else { ch=str1[i];i++,j++;}
    fputc(ch,fp3);
  }
  while(str1[i])  fputc(str1[i++],fp3);
  while(str2[j])  fputc(str2[j++],fp3);
  fclose(fp1);
  fclose(fp2);
  fclose(fp3);
}
```

(2)

```c
#include<stdio.h>
#define N 3
typedef struct
{ int xh; char name[21];
int score[3];}STU;
void input()
{ int i; FILE * fp; STU s;
  fp=fopen("score.dat","wb");
  printf("学号 姓名 成绩1 成绩2 成绩3\n");
  for(i=0;i<N;i++)
  { scanf("%d%s%d%d%d",&s.xh,s.name,&s.score[0],&s.score[1], &s.score[2]);
    fwrite(&s,sizeof(STU),1,fp);
  }
  fclose(fp);
```

```
}
void output()
{ int i; FILE * fp; STU s;
  fp=fopen("score.dat","rb");
  printf("学号\t姓名\t成绩1\t成绩2\t成绩3\n");
  while(fread(&s,sizeof(STU),1,fp)==1)
    printf("%d\t%s\t%d\t%d\t%d\n",s.xh,s.name,s.score[0],s.score[1],
            s.score[2]);
  fclose(fp);
}
void main()
{ FILE * fp1, * fp2, * fp3;
  STU ss;
  int i,j;
  input();
  fp1=fopen("score.dat","rb");
  fp2=fopen("nopass.dat","wb");
  fp3=fopen("pass.dat","wb");
  for(i=0;i<3;i++)
  { fread(&ss,sizeof(STU),1,fp1);
    for(j=0;j<3&&ss.score[j]>=60;j++);
    if(j<3) fwrite(&ss,sizeof(STU),1,fp2);
    else fwrite(&ss,sizeof(STU),1,fp3);
  }
  fclose(fp1);
  fclose(fp2);
  fclose(fp3);
  output();
}
```

7.9 思考题参考答案

（1）**答**：在用 C 语言编写程序时，一般使用标准文件系统，即缓冲文件系统。系统在内存中为每个正在读写的文件开辟"文件缓冲区"，在对文件进行读写时，数据都经过缓冲区。要对文件进行读写，系统首先开辟一块内存区以保存文件信息，保存这些信息使用的是一个结构体数据，将这个结构体数据的类型用 typedef 定义为 FILE 类型。C 语言中，结构体数据类型为构造类型，因此文件数据类型不是基本类型，而是构造类型。使用文件时首先要定义一个指向这个结构体的指针。文件类型 FILE 的定义在头文件 stdio.h 中，因此使用文件时必须包含 stdio.h 头文件。

（2）**答**：函数 fopen() 用来打开一个文件，其调用的一般形式为

文件指针名=fopen(文件名,"打开方式");

函数 fopen()中的文件名包括路径和文件名两个部分,可以字符串常量或字符串首地址两种形式给出文件名信息。若文件与程序所在的路径不同,则需要给出路径。路径字符串中的"\"需要改写成"\\"。例如:

```
pfile=fopen("test.txt", "w");                /* 打开当前目录下的文件 */
pfile=fopen("d:\\Prog\\ftest\\t.txt","w");   /* 打开指定路径下的文件 */
```

(3) **答**:在使用完一个文件后应该关闭它,以防止它再被误用。"关闭"就是使文件指针变量不再指向该文件,也就是让文件指针变量与文件"脱钩",此后不能再通过该指针对原来与其相联系的文件进行读写操作,除非再次打开,使该指针变量重新指向该文件。应该养成在程序终止之前关闭所有文件的习惯,如果不关闭文件,可能会丢失数据。因为文件操作是先将数据输出到缓冲区,待缓冲区充满后才正式输出给文件。如果数据未充满缓冲区而程序结束运行,会使缓冲区中的数据丢失。用函数 fclose()关闭文件可以避免这个问题,它先把缓冲区中的数据输出到磁盘文件,然后才释放文件指针变量。

(4) **答**:有时用户想要直接读取文件某处的信息,若用文件的顺序读写,则必须从文件头开始,直到要求的文件位置后再读取,这显然很不方便。C 语言提供了一组文件的随机读写函数,即先将文件位置指针定位在所要读写的地方,再调用读写函数进行读写操作。文件的随机读写函数主要有 rewind、fseek、ftell。

(5) **答**:文件指针是指向文件的指针,用来标识文件,必须在程序中定义说明,只要不重新赋值,文件指针的值就不会改变。文件位置指针是指文件打开之后在文件内部进行移动的指针,用来指示文件内部的当前读写位置,每读写一次,该指针均自动向后移动,它是由系统设置的,不需要在程序中定义说明。

附录

模拟试题 A 及参考答案

ADDENDUM

A.1 模拟试题 A

1. 单项选择题(每小题 2 分,共 20 分)

(1) 函数调用语句"fun(a+b,(x,y),fun(n+k,d,(a+b)));"中参数的个数是(　　)。

  A. 3   B. 4   C. 5   D. 6

(2) 下列程序段中,功能与其他程序段不同的是(　　)。

  A. for(i=1,p=1;i<=10;i++)
    p * =i;
  B. for(i=1;i<=10;i++)
    { p=1;p * =i;i++;}
  C. i=1;p=1;
    while(i<=10){ p * =i;i++;}
  D. i=1;p=1;
    do{ p * =i;i++;}whiel(i<=10);

(3) 下列程序的运行结果是(　　)。

```
#include "stdio.h"
#define SUB(X,Y) (X) * Y
void main()
{ int a=3,b=4;
  printf("%d\n",SUB(a+1,b+1));
}
```

  A. 20   B. 17   C. 8   D. 16

(4) 若有如下定义,则值为 4 的表达式是(　　)。

```
int a[10]={1,2,3,4,5,6,7,8,9,10}, * p=a;
```

  A. p+=3, * (p++)   B. p+=3, * ++p
  C. p+=4, * p++   D. p+=3,++ * p

(5) 若有如下定义和说明,则语句"printf("%d",sizeof(zoo)＋sizeof(max));"的执行结果是(　　)。

```
typedef struct {long i;short int k[3];char c[2];} DATA;
union data {short int cat[8];DATA cow;double dog;}zoo;
DATA max;
```

    A. 16   B. 28   C. 12   D. 8

(6) 下列程序的运行结果是(　　)。

```
#include "stdio.h"
void main()
{ enum elme {e1,e2=2,e3=1};
  char * a[]={"AA","DD","CC","BB"};
  printf("%c%c%c\n", * a[e1], * a[e2], * a[e3]);
}
```

    A. ABC   B. ACD   C. CDB   D. ADC

(7) 下列对 C 语言字符数组的描述中错误的是(　　)。

    A. 字符数组可以存放字符串

    B. 字符数组中存放的字符串可以整体输入和输出

    C. 可以通过赋值运算符"＝"对字符数组整体赋值

    D. 不可以用关系运算符对字符数组中的字符串进行比较

(8) 下列语句中错误的是(　　)。

    A. int i; int * p; p＝&i;   B. int i, * p; p＝&i;

    C. int a, * p＝&a ;   D. int i, * p; * p＝i;

(9) 有以下程序,所生成的可执行文件为 f1.exe,运行时若从键盘输入:f1 good bye↙,则输出结果是(　　)。

```
#include "stdio.h"
void main(int argc ,char * argv[])
{ do
  { printf("%c", * ( * (++argv))-31);
    argc--;
  }while(argc>1);
}
```

    A. GB   B. gb   C. hc   D. HC

(10) 下列程序的运行结果是(　　)。

```
#include "stdio.h"
void main()
{ int x=3,y=4;
  x=x^y; y=y^x; x=x^y;
  printf("%d%d\n",x,y);
}
```

A. 33　　　　　　B. 44　　　　　　C. 34　　　　　　D. 43

2. 程序填空题(每空 2 分,共 20 分)

(1)下列程序的功能是计算 N×N 矩阵的最大值和最小值。

```
#include "stdio.h"
#define N 3
int maxmin(int a[][N],int * min)
{ int i,j,max;
  max=a[0][0]; * min=a[0][0];
  for(i=0;i<N;i++)
    for(j=0;j<N;j++)
    { if(max<a[i][j]) max=a[i][j];
      if( * min>a[i][j]) * min=a[i][j];
    }
    _____①_____ ;
}
void main()
{ int a[][N]={3,2,1,5,4,6,8,9,7},max,min;
  max=maxmin(_____②_____);
  printf("%5d%5d",max,min);
}
```

(2) 下列程序的功能是计算两个正整数的最大公约数和最小公倍数。

```
#include "stdio.h"
void fun(int * x,int * y,int a,int b)
{ * x=a<b?a:b;
  while(a%* x!=0||b%* x!=0) _____①_____ ;
  * y=a>b?a:b;
  while( * y%a!=0|| * y%b!=0) _____②_____ ;
}
void main()
{ int a,b,max,min;
  loop:scanf("%d%d",&a,&b);
  if(a<0||b<0) goto loop;
  fun(_____③_____,a,b);
  printf("max=%d min=%d\n",max,min);
}
```

(3) 函数 delnoalpha()的功能是删除字符串中的非英文字符。

```
void delnoalpha(char * s)
{ char *p=s, * q=s;
  while( * q)
  { if( * q>='a'&& * q<='z'|| * q>='A'&& * q<='Z') _____①_____ = * q;
```

```
        q++;
    }
    _____②_____ = '\0';
}
```

(4) 函数 crelink() 的功能是建立一个含有 N 个结点的无头结点单向链表,新产生的结点总是插在第 1 个结点之前。

```
#include "stdio.h"
struct student
{ int no;int score;struct student * next;};
struct student * crelink(int N)
{ struct student * head=NULL, * p;
  int i;
  for(i=0;i<N;i++)
  { p=( _____①_____ )malloc(sizeof(struct student));
    scanf("%d%d", &p->no,&p->score);
    _____②_____ =head;
    head= _____③_____ ;
  }
  return head;
}
```

3. 程序分析题(每小题 5 分,共 25 分)

(1) 写出下列程序的运行结果。

```
#include "stdio.h"
void main()
{ char a[81]="how old are you", * p=a;int word=0;
  while( * p)
  { if( * p==' ') word=0;
    else if(word==0)
        { if( * p>='a'&& * p<='z')
            * p-=32;
          word=1;
        }
    p++;
  }
  puts(a);
}
```

(2) 写出下列程序的运行结果。

```
#include "stdio.h"
long fib(int n)
{ if(n>3) return(fib(n-1)+fib(n-2)+fib(n-3));
```

```
    else return(2);
}
void main()
{ printf("%ld",fib(5)); }
```

（3）写出下列程序的运行结果。

```
#include "stdio.h"
#define MAX 5
int a[MAX],k;
void fun1()
{ for(k=0;k<MAX;k++) a[k]=k; }
void fun2()
{ int a[MAX+1],k;
  for(k=0;k<MAX;k++) a[++k]+=k;
}
int fun3()
{ int k,s=0;
  for(k=0;k<MAX;k++) s+= * (a+k);
  return s;
}
void main()
{ fun1(); fun2();
  printf("%d\n",fun3());
}
```

（4）写出下列程序的运行结果。

```
#include "stdio.h"
int fun(int n)
{ static f=0;
  f+=2 * n-1;
  return f;
}
void main()
{ int i,s=0;
  for(i=1;i<=5;i++) s+=fun(i);
  printf("s=%d\n",s);
}
```

（5）写出下列程序的运行结果。

```
#include "stdio.h"
void fun(char * s)
{ char t, * p=s, * q=s;
  while( * q) q++;
  q--;
```

```
  while(p<q)
  { t= * ++p; * p= * --q; * q=t; }
}
void main()
{ char a[]="ABCDEFG";
  fun(a);puts(a);
}
```

4. 程序设计题(第 1、2 小题每题 10 分,第 3 小题 15 分,共 35 分)

(1) 编写函数 fun(int b[]),其功能是将所有 4 位回文数按降序顺序存入一维数组 b 中,函数的返回值是回文数的个数。所谓的"4 位回文数"是指个位数和千位数相等,十位数与百位数相等的 4 位正整数,如:1221 就是一个 4 位回文数。(10 分)

(2) 编写程序,通过函数调用方式将 N×N 矩阵每行元素的最大值与其所在行的主对角线上的元素交换。要求:数据的输入和输出在主函数中完成,数据交换通过调用函数完成。(10 分)

(3) 有 10 名学生,每名学生有 3 门课程的成绩,编写程序,从键盘输入每名学生的数据(包括姓名和 3 门课程的成绩),计算每名学生的总分,并按总分降序排序,最后将结果存放到文件 score.txt 中。(15 分)

A.2 模拟试题 A 参考答案

1. 单项选择题

(1) A   (2) B   (3) B   (4) A   (5) B   (6) B   (7) C

(8) D   (9) D   (10) D

2. 程序填空题

(1) ① return max   ② a,&min

(2) ① (* x)——(或——(* x),或(* x)—=1,或(* x)=(* x)—1)

　　② (* y)++(或++(* y),或(* y)+=1,或(* y)=(* y)+1)

　　③ &max,&min

(3) ① * p++(或 * (p++))   ② * p

(4) ① struct student *   ② p—>next   ③ p

3. 程序分析题

(1) How Old Are You   (2) 10   (3) 10

(4) s=55   (5) AFEDCBG

4. 程序设计题

(1)

```
int fun(int b[])
{ int x,n=0;
```

```
  for(x=9999;x>=1000;x--)
    if(x/1000==x%10&&x/100%10==x%100/10) b[n+ +]=x;
  return n;
}
```

（2）

```
#include "stdio.h"
#define N 4
void fun(int a[N][N])
{ int i,j,t,maxj,max;
  for(i=0;i<N;i+ +)
  { max=a[i][0];maxj=0;
    for(j=1;j<N;j+ +)
      if(max<a[i][j]) { max=a[i][j];maxj=j;}
    if(maxj! =i)
    { t=a[i][maxj];a[i][maxj]=a[i][i];a[i][i]=t;}
  }
}
void main()
{ int a[N][N],i,j;
  for(i=0;i<N;i+ +)
    for(j=0;j<N;j+ +)
      scanf("%d",&a[i][j]);
  fun(a);
  for(i=0;i<N;i+ +)
  { for(j=0;j<N;j+ +)
      printf("%5d",a[i][j]);
    printf("\n");
  }
}
```

（3）

```
#include "stdio.h"
#include "stdlib.h"
#define N 10
typedef struct
{ char name[10]; int score[3],total;} STU;
void main()
{ FILE *fp;STU st[N],t;int i,j,sum;
  if((fp=fopen("score.txt","wb"))==NULL)
  { printf("This file can\'t open! \n");exit(0);}
  for(i=0;i<N;i+ +)
  {scanf("%s%d%d%d",st[i].name,&st[i].score[0],&st[i].score[1],&st[i].score[2]);
    st[i].total=st[i].score[0]+ st[i].score[1]+ st[i].score[2];
```

```
    }
    for(i=0;i<N-1;i+ + )
      for(j=i+ 1;j<N;j+ + )
        if(st[i].total<st[j].total)
        { t=st[i];st[i]=st[j];st[j]=t;}
    fwrite(st,sizeof(STU),N,fp);
    printf("Name\tScore1\tScore2\tScore3\tTotal\n");
    for(i=0;i<N;i+ + )
      printf("%s\t%d\t%d\t%d\t%d\n",st[i].name,st[i].score[0],st[i].score[1],
                                    st[i].score[2],st[i].total);
    fclose(fp);
}
```

附录 B

ADDENDUM

模拟试题 B 及参考答案

B.1　模拟试题 B

1. 单项选择题（每小题 2 分,共 20 分）

（1）以下选项中,能用作用户标识符的是(　　)。

    A. void　　　　　　B. 8_8　　　　　　C. _1_　　　　　　D. unsigned

（2）若变量已正确定义并赋值,则符合 C 语言语法的表达式是(　　)。

    A. b＝b＋4;　　　　　　　　　　　B. a＝3＋a＋d,a＋＋

    C. 3.14％2　　　　　　　　　　　　D. c＝c−3＝2＊4

（3）若有定义语句:int x＝10;,则表达式 x−＝x＋x 的值为(　　)。

    A. −20　　　　　　B. −10　　　　　　C. 0　　　　　　D. 10

（4）若有说明:int i,j;,则计算表达式 j＝(i＝4,i＋＋,i＝6,i＋1)后,j 的值是(　　)。

    A. 7　　　　　　B. 5　　　　　　C. 4　　　　　　D. 6

（5）以下选项中,与 k＝n＋＋完全等价的表达式是(　　)。

    A. k＝n,n＋1　　　　　　　　　　B. n＋＝1,k＝n

    C. k＝n,n＋＝1　　　　　　　　　D. k＝n＋＝1

（6）若有说明:int a＝10,＊p＝&a,＊q＝p;,则以下赋值语句中非法的是(　　)。

    A. p＝q;　　　　B. ＊p＝＊q;　　　　C. a＋＝＊q;　　　　D. p＝a;

（7）以下说法中正确的是(　　)。

    A. C 语言程序总是从第一个定义的函数开始执行

    B. 在 C 语言程序中,要调用的函数必须在 main 函数中定义

    C. C 语言程序总是从 main 函数开始执行

    D. C 语言程序中的 main 函数总是放在程序的开始部分

（8）以下定义语句中错误的是(　　)。

    A. int a[2＊3]＝{1,2};　　　　　　B. char ＊a[3];

    C. char s['a'−'A']＝"test";　　　　D. int n＝10,a[n];

（9）若有以下语句：

```
typedef struct S
{ int g; char h; } T;
```

则下列叙述中正确的是（　　）。

        A. 可用 S 定义结构体变量   B. 可用 T 定义结构体变量

        C. S 是 struct 类型的变量   D. T 是 struct S 类型的变量

（10）若 fp 是指向某文件的指针，且已读到文件末尾，则函数 feof(fp)的返回值是（　　）。

        A. EOF   B. 0   C. NULL   D. 1

2. 程序填空题（每空 2 分，共 20 分）

（1）以下程序的功能是求数组 a 中所有素数的和。素数是只能被 1 和本身整除且大于 1 的自然数。

```
#include<stdio.h>
int isprime(int x)
{ int i;
  for(i=2;i<=x/2;i++)
    if(x%i==0) return 0;
    ___①___ ;
}
void main()
{ int a[10], * p,sum=0;
  for(p=a;p<a+10;p++)
  { scanf("%d",___②___);
    if(isprime(* p)==1)
      sum+= * p;
  }
  printf("\nThe sum=%d\n",sum);
}
```

（2）下列程序的功能是将字符数组 a 中下标值为偶数的元素从小到大排列，其他元素位置不变。

```
#include<stdio.h>
#include<string.h>
void main()
{ char a[]="clanguage",t;
  int i, j, k;
  k=strlen(a);
  for(i=0;i<=k-2;i+=2)
    for(j=i+2;j<=k;___①___)
      if(___②___)
      { t=a[i]; a[i]=a[j]; a[j]=t; }
  puts(a);
}
```

（3）函数 fun() 的功能是把班级通讯录中每个人的信息作为一个数据块写到名为 myfile.dat 的二进制文件中。通讯录中记录有每个人的编号、姓名和电话号码。

```
#include<stdio.h>
#define N 5
typedef struct
{ int num;
  char name[10];
  char tel[12];
}STYPE;
int fun(_____①_____ * std)
{ _____②_____ * fp;int i;
  if((fp=fopen("myfile.dat","wb"))==NULL) return 0;
  printf("\nOutput data to file!\n");
  for(i=0;i<N;i++)
    fwrite(&std[i], sizeof(STYPE),1, _____③_____ );
  fclose(fp);
  return 1;
}
```

（4）以下程序按下面指定的数据给数组 x 的下三角置数,并按如下形式输出。

```
4
3   7
2   6   9
1   5   8   10
```

```
#include<stdio.h>
void main()
{ int x[4][4],n=0 ,i,j;
  for(j=0;j<4;j++)
    for(i=3;i>=j;_____①_____ )
    { n++;x[i][j]=_____②_____ ; }
  for(i=0;i<4;i++)
  { for(j=0;_____③_____ ;j++)
      printf("%4d",x[i][j]);
    printf("\n");
  }
}
```

3. 程序分析题（每小题 5 分,共 25 分）

（1）写出下列程序的运行结果。

```
#include<stdio.h>
int fun(int a,int b)
{ if(b==0) return a;
```

```
    else return(fun(--a,--b));
}
void main()
{ printf("%d\n",fun(4,2)); }
```

（2）写出下列程序的运行结果。

```
#include<stdio.h>
void fun(int a[],int n)
{ int i,t;
  for(i=0;i<n/2;i++)
  { t=a[i];a[i]=a[n-1-i];a[n-1-i]=t; }
}
void main()
{ int k[10]={1,2,3,4,5,6,7,8,9,10},i,sum=0;
  fun(k,5);
  for(i=2;i<8;i++) sum+=k[i];
  printf("%d\n",sum);
}
```

（3）写出下列程序的运行结果。

```
#include<stdio.h>
int fun(int x)
{ static int t=0;
  return(t+=x);
}
void main()
{ int s,i;
  for(i=1;i<=5;i++) s=fun(i);
  printf("%d\n",s);
}
```

（4）写出下列程序的运行结果。

```
#include<stdio.h>
void main()
{ int i,sum;
  for(sum=0,i=7;i>=4;i--)
  switch(i)
  { case 4: case 6: sum +=2; break;
    case 5: case 7: sum +=1; break;
  }
  printf("%d",sum);
}
```

（5）写出下列程序的运行结果。

```
#include<stdio.h>
void main()
```

```
{ int b=5;
  #define b 2
  #define f(x) b*(x)
  int y=3;
  printf("%d ",f(y+1));
  #undef b
  printf("%d ",f(y+1));
  #define b 3
  printf("%d",f(y+1));
}
```

4. 程序设计题(第 1、2 小题每题 10 分,第 3 小题 15 分,共 35 分)

(1)编写函数 fun2(char * s),其功能是判断字符串 s 是否为回文串,若是回文串,则返回 1,否则返回 0。(回文串是指逆置后不变的字符串,如:字符串"ABCBA"就是回文串)(10 分)

(2)编写函数 fun3(int * a,int m,int * b,int n,int * c),其功能是将两个升序序列 a 和 b 合并成一个升序序列并存入 c 中。其中,m、n 分别为序列 a、b 的元素个数,c 有足够的存储空间。(10 分)

(3)编写程序,通过函数调用方式计算 N×N 矩阵各列中最小数的绝对值之和。要求:数据的输入和输出都在主函数中完成。(15 分)

B.2   模拟试题 B 参考答案

1. 单项选择题

(1)C　　(2)B　　(3)B　　(4)A　　(5)C　　(6)D　　(7)C

(8)D　　(9)B　　(10)D

2. 程序填空题

(1)① return 1　　　　　　　　　　　② p

(2)① j+=2(或 j=j+2,或 j++,j++,或 ++j,++j,或 j++,++j,或 ++j,j++)

　　② a[i]>a[j](或 *(a+i)> *(a+j),或 *(a+i)>a[j],或 a[i]> *(a+j))

(3)① STYPE　　　　　　　　　② FILE　　　　　　　　③ fp

(4)① i——(或——i 或 i—=1 或 i=i-1)　　② n

　　③ j<=i(或 j<i+1)

3. 程序分析题

(1)2　　　(2)27　　　(3)15　　　(4)6　　　(5)8 20 12

4. 程序设计题

(1)

```
int fun2(char * s)
```

```c
{ char  * head, * tail; int i=0;
  while(s[i]) i+ + ;
  head=s;
  tail=s+ i-1;
  while(head<tail)
    if( * head+ + ! = * tail--) return 0;
  return 1;
}
```

（2）

```c
void fun3(int  * a,int m,int  * b,int n,int  * c)
{ int i=0,j=0,k=0;
  while(i<m&&j<n)
    if(a[i]<b[j]) c[k+ + ]=a[i+ + ];
    else c[k+ + ]=b[j+ + ];
  while(i<m) c[k+ + ]=a[i+ + ];
  while(j<n) c[k+ + ]=b[j+ + ];
}
```

（3）

```c
# include<math.h>
# include<stdio.h>
# define N 5
int sumcolmin(int a[][N])
{ int s=0,i,j,k;
  for(i=0;i<N;i+ + )
  { k=a[0][i];
    for(j=1;j<N;j+ + )
      if(k>a[j][i]) k=a[j][i];
    s+ =abs(k);
  }
  return s;
}
void main()
{ int array[N][N],i,j,sum;
  for(i=0;i<N;i+ + )
    for(j=0;j<N;j+ + )
      scanf("%d",array[i]+ j);
  sum=sumcolmin(array);
  printf("sum=%d\n",sum);
}
```

附录 C

模拟试题 C 及参考答案

C.1 模拟试题 C

1. 单项选择题(每小题 2 分,共 20 分)

(1) 在 C 语言中,正确的实型常数是(　　)。

　　A. 2e　　　　　　B. .09　　　　　　C. 3e2.1　　　　　　D. e5

(2) 下列选项中不正确的赋值语句是(　　)。

　　A. ++t;　　　　　　　　　　B. n1=(n2=(n3=0));

　　C. k=i==j;　　　　　　　　　D. a=b+c=1;

(3) 语句"if(i!=0) i++;"中的条件表达式 i!=0 等价于(　　)。

　　A. i==0　　　B. i!=1　　　C. i　　　　D. i==1

(4) 若有定义:int (*p)[5];,则 p 是(　　)。

　　A. 5 个指向整型变量的指针

　　B. 指向 5 个整型变量的函数指针

　　C. 一个指向具有 5 个整型元素的一维数组指针

　　D. 具有 5 个元素的一维指针数组,每个元素都只能指向整型变量

(5) 若有定义:int a[9],*p=a;,且在以后的语句中未改变 p 的值,则不能表示 a[1]地址的表达式是(　　)。

　　A. p+1　　　B. a+1　　　C. ++a　　　　D. ++p

(6) 简单变量作为函数实参时,实参与其对应的形参之间的数据传递方式是(　　)。

　　A. 双向值传递方式　　　　　　B. 地址传递方式

　　C. 单向值传递方式　　　　　　D. 用户指定传递方式

(7) 以下关于 return 语句的叙述中正确的是(　　)。

　　A. 一个自定义函数中必须有一条 return 语句

　　B. 一个自定义函数中可以根据不同情况设置多条 return 语句

　　C. 定义成 void 类型的函数中可以有返回值的 return 语句

　　D. 没有 return 语句的自定义函数在执行结束时不能返回调用处

（8）C语言的编译系统对宏命令的处理是（   ）。

     A. 在程序运行时进行的

     B. 在程序连接时进行的

     C. 和C程序中的其他语句同时进行编译的

     D. 在对源程序中的其他成分正式编译之前进行的

（9）若有以下说明和语句：

```
struct student
{ int num;float score;}stu, * p;
p=&stu;
```

则以下对结构体变量 stu 中成员 num 的引用不正确的是（   ）。

     A. stu.num   B. student.num   C. p—>num   D. (* p).num

（10）若执行函数 fopen() 时发生错误,则函数的返回值是（   ）。

     A. 地址值   B. NULL   C. 1   D. EOF

2. 程序填空题(每空 2 分,共 20 分)

（1）以下程序的功能是把从键盘输入的以 Enter 结束的字符串中的数字字符按它们的字面值累加并输出累加和。例如：若输入的字符串是 qa12d43u,则输出值应当是 10(1+2+4+3)。

```
#include "stdio.h"
void main()
{ char ch; int a,s;
  s=0;
  while(_____①_____)
    if(ch>='0'&&ch<='9')
    { a=_____②_____; s=s+a; }
  printf("s=%d\n",s);
}
```

（2）函数 fun() 的功能是将自然数 1~10 以及它们的平方根写到名为 myfile.txt 的文本文件中,然后顺序读出并显示在屏幕上。

```
#include<math.h>
#include<stdio.h>
int fun(char * fname)
{ FILE * fp;int i,n;float x;
  if((fp=fopen(fname,"w"))==NULL)  return 0;
  for(i=1;i<=10;i++)
    fprintf(_____①_____,"%d %f\n",i,sqrt((double)i));
  printf("\nSucceed!!\n");
  _____②_____;
  printf("\nThe data in file :\n");
  if((fp=fopen(_____③_____,"r"))==NULL)  return 0;
```

```
  fscanf(fp,"%d%f",&n,&x);
  while(!feof(fp))
  { printf("%d %f\n",n,x); fscanf(fp,"%d%f",&n,&x);}
  fclose(fp);
  return 1;
}
```

（3）以下程序的功能是实现两个字符串大小的比较。相等时返回 0,不相等时返回第一次不相等的两个字符的 ASCII 码值的差。

```
#include<stdio.h>
int compare(char * s1, char * s2)
{ while(_____①_____ && * s1== * s2)
  { s1++;s2++;}
  return _____②_____ ;
}
void main()
{ printf("%d\n", compare("abCd", "abc")); }
```

（4）函数 fun()的功能是检查 N×N 矩阵的下三角(不包括主对角线)中的元素是否全为 0,是则返回 1,否则返回 0。

```
int fun(int a[N][N])
{ int i,j,found=0;
  for(i=1;i<N;i++)
  { for(j=0; _____①_____ ;j++)
      if(a[i][j])
      { found=1;
        _____②_____ ;
      }
    if(found) _____③_____ ;
  }
  if(found) return 0;
  else return 1;
}
```

3. 程序分析题(每小题 5 分,共 25 分)

（1）写出下列程序的运行结果。

```
#include<stdio.h>
int gcd(int, int);
void main()
{ int a=18, b=12;
  printf("gcd=%d\n",gcd(a,b));
}
int gcd(int x, int y)
{ int r;
```

```
      r=x%y;
      if(r==0) return y;
      return gcd(y, r);
    }
```

(2) 写出下列程序的运行结果。

```
#include<stdio.h>
void main()
{ int m[10], n=35, k=8, i;
  i=0;
  do
  { m[i++]=n%k;
    n/=k;
  }while(n!=0);
  while(i)
    printf("%d", m[--i]);
}
```

(3) 写出下列程序的运行结果。

```
#include<stdio.h>
void fun(int * a,int n,int m)
{ int t;
  while(n<m)
  { t= * (a+n);
    * (a+n++)= * (a+m);
    * (a+m--)=t;
  }
}
void main()
{ int a[]={10,9,8,7,6,5,4,3,2,1};
  int i,s=0;
  fun(a,0,4);
  fun(a,2,9);
  for(i=0;i<6;i++) s+=a[i];
  printf("s=%d",s);
}
```

(4) 写出下列程序的运行结果。

```
#include<stdio.h>
void main()
{ char * s, * t, s1[]="you and ", s2[]="me";
  s=s1;
  while( * s!='\0') s++;
  t=s2;
```

```
    while( * s= * t)
    { s++;t++; }
    printf("%d\n", s-s1);
}
```

（5）写出下列程序的运行结果。

```
#include<stdio.h>
int f(int c)
{ int a=1;
  static int b=1;
  a+=3;
  b+=2;
  return (a+b+c);
}
void main()
{ int i,s=0;
  for(i=0;i<3;i++) s+=f(i);
  printf("%d\n",s);
}
```

4. 程序设计题（第 1、2 小题每题 10 分，第 3 小题 15 分，共 35 分）

（1）编写函数 fun(char * p,char * b)，其功能是将 p 所指字符串中的所有字符复制到 b 中。要求：复制 3 个字符之后插入一个空格。

（2）编写程序，将 N×N 矩阵次对角线上的元素降序排序，其他元素位置不变。要求：数据的输入和输出都在主函数中完成，排序用函数实现。

（3）编写程序，将 N 个字符串中长度最短的字符串输出。要求：数据的输入和输出都在主函数中完成，查找长度最短的字符串通过函数实现。

C.2　模拟试题 C 参考答案

1. 单项选择题

（1）B　　（2）D　　（3）C　　（4）C　　（5）C　　（6）C　　（7）B
（8）D　　（9）B　　（10）B

2. 程序填空题

（1）① (ch=getchar())!='\n'　　② ch-48(或 ch-'0')
（2）① fp　　② fclose(fp)　　③ fname
（3）① * s1&& * s2(* s1 与 * s1!='\0'等价, * s2 与 * s2!='\0'等价)
　　② * s1- * s2
（4）① j<i (或 j<=i-1)　　② break　　③ break

3. 程序分析题

(1) gcd＝6　　　(2) 43　　　(3) s＝23　　　(4) 10　　　(5) 30

4. 程序设计题

(1)

```
void fun(char * p, char * b)
{ int i,k=0;
  while( * p)
  { i=0;
    while(i<3&& * p)
    { b[k]= * p;
      k+ + ; p+ + ; i+ + ;
    }
    if( * p) b[k+ + ]=' ';
  }
  b[k]='\0';
}
```

(2)

```
#include<stdio.h>
#define N 10
void fun4(int a[][N])
{ int i,j,t;
  for(i=0;i<N-1;i+ + )
    for(j=i+ 1;j<N;j+ + )
      if(a[i][N-i-1]<a[j][N-j-1])
      { t=a[i][N-i-1];a[i][N-i-1]=a[j][N-j-1];a[j][N-j-1]=t; }
}
void main()
{ int a[N][N],i,j;
  for(i=0;i<N;i+ + )
    for(j=0;j<N;j+ + )
      scanf("%d",a[i]+ j);
  fun4(a);
  for(i=0;i<N;i+ + )
  { for(j=0;j<N;j+ + )
      printf("%6d",a[i][j]);
    printf("\n");
  }
}
```

(3)

```
#include "string.h"
```

```
#include "stdio.h"
#define N 5
char * fun5(char * str[N])
{ int i,min=0;
  for(i=1;i<N;i++)
    if(strlen(str[i])<strlen(str[min]))  min=i;
  return str[min];
}
void main()
{ char s[N][80], * str[N], * p;
  int i;
  for(i=0;i<N;i++) str[i]=s[i];
  for(i=0;i<N;i++) gets(s[i]);
  p=fun5(str);
  puts(p);
}
```

附录 **D**

ADDENDUM

课程设计题目

1. 算术计算器设计

（1）问题描述

依次输入第 1 个运算数、运算符（＋、－、＊、／）、第 2 个运算数，然后输出运算结果。

（2）基本要求

① 具备整型数据和浮点型数据的算术运算（加、减、乘、除）功能。

② 上一次的运算结果可作为下一次运算的第一个运算数。

③ 按 C 键清屏，按 X 键退出程序。

2. 求最少运算次数

（1）问题描述

已知 5 个数据 2、3、5、7、13 和 3 个运算符＋、－、＊，且运算符无优先级之分。如：2＋3＊5＝25，3＊5＋2＝17。对任意一个整数 N，求出用以上数和运算符得到 N 的最少运算次数。例如：N＝7，7＝7，即 0 次运算；N＝93，93＝13＊7＋2，即 2 次运算。

（2）基本要求

① 输出最少的运算次数。

② 输出所找到的运算次数最少的运算式子。

3. 字符串处理

（1）问题描述

从键盘读入一个字符串（称为原串），长度小于或等于 80，编写程序，实现对原串的编辑。

（2）基本要求

① 插入子串，在原串中指定的字符前面插入若干字符（子串）。若在原串中有若干指定的字符，则在第一个指定字符的前面插入。

② 删除子串，在原串中删除指定的子串，若原串中有多个相同的子串，则只删除最后一个子串。

③ 替换子串,在原串中将某个子串用新的子串替换。若原串中有多个被替换的子串,则需要全部替换(但不递归替换)。

4. 猴子分糖游戏

(1) 问题描述

公园里有 n(n<20) 只猴子围成一圈分糖果。饲养员先随机发给每只猴子若干糖果,然后按以下规则调整:所有猴子同时将自己手中糖果的一半分给坐在它右边的猴子,如共有 3 只猴子,则第 1 只猴子将原有的一半分给第 2 只猴子,第 2 只猴子将原有的一半分给第 3 只猴子,第 3 只猴子将原有的一半分给第 1 只猴子。若平分前某只猴子手中的糖果数是奇数,则必须从饲养员那里再要一颗,使它的糖果数变成偶数。求经过多少次上述调整,才能使每只猴子手中的糖果数量相同。

(2) 基本要求

① 猴子的只数和每只猴子的初始糖果数由键盘输入。

② 求出在调整过程中增发的糖果数。

5. 环上取扣子

(1) 问题描述

设一个环上有编号为 0~n-1 的 n 粒不同颜色的扣子,在环中某两粒扣子之间剪开,环上扣子形成一个序列,然后按以下规则从序列中取走扣子:首先从序列左端取走所有连续同色的扣子,然后从序列右端在剩下的扣子中取走所有连续同色的扣子,两者之和为剪开处可取走扣子粒数。在不同位置剪开,能取走的扣子数不尽相同。求出在环上哪个位置剪开可取走的扣子粒数最多。

(2) 基本要求

① 每粒扣子的颜色用字母表示,n 粒扣子的颜色用字符串表示。例如,10 粒扣子的颜色对应的字符串为"aaabbbadcc",从 0 号扣子前剪开,序列为 aaabbbadcc,即从左端取走 3 粒 a 色的扣子,从右端取走 2 粒 c 色的扣子,共取走 5 粒扣子。若在 3 号扣子前剪开,则序列为 bbbadccaaa,共取走 6 粒扣子。

② 用字符数组存储字符串。

6. 校际运动会管理

(1) 问题描述

N 所院校参加运动会,其中男子竞赛项目数为 M,女子竞赛项目数为 W。各项目名次的取法有如下 3 种:第一种是取前 5 名,得分依次是 7 分、5 分、3 分、2 分、1 分;第二种是取前 3 名,得分依次是 5 分、3 分、2 分;第三种是用户自定义,各名次权值由用户指定。编写程序,实现对各个学校的比赛成绩、运动员等信息进行管理。

(2) 基本要求

① 初始输入参赛学校的总数、男子竞赛项目数和女子竞赛项目数。

② 由程序提醒用户填写比赛结果,输入各项目获奖运动员的信息。

③ 所有信息记录完毕后,用户可以查询各个学校的比赛成绩,生成团体总分报表,查看参赛学校信息和比赛项目信息等。

7. 银行储蓄业务管理

（1）问题描述

某银行共发出 M 张储蓄卡，每张储蓄卡的信息包括：唯一的卡号、密码、余额和当日业务实际发生笔数。正数表示存款，负数表示取款。编写程序，实现储蓄卡业务管理。

（2）基本要求

① 每张储蓄卡每天最多进行 N 笔"存款"或"取款"业务。

② 用户输入卡号及密码，验证通过后可进行"存款"或"取款"业务，若输入了不正确的数据，则程序会提示持卡者重新输入；若输入的卡号为负数，则银行终止当日业务。

③ 每天工作结束后，按照卡号升序在文件中存储当日每张曾发生过业务的储蓄卡的存取款信息。文件以当日日期命名，扩展名为 rec。

8. 学生学籍管理

（1）问题描述

学生信息包括学号、姓名、性别、年龄和家庭住址。编写程序，利用结构数体组实现学生学籍管理。

（2）基本要求

① 使用菜单。

② 具有建立数据库的功能。

③ 具有数据输入功能。

④ 具有数据删除功能。

⑤ 具有数据插入功能。

⑥ 具有各种查询（如按学号查询、按姓名查询、按年龄查询等）及输出功能。

9. 学生成绩管理

（1）问题描述

学生信息包括学号、姓名和 5 门课程的成绩。编写程序，利用链表实现学生成绩管理。

（2）基本要求

① 按学号排序。

② 输入一名学生的信息，将其插入链表，假设链表按学号有序。

③ 输入一名学生的学号，输出其各科成绩。

④ 输入一名学生的学号，从链表中删除该学生的信息。

⑤ 输入一名学生的学号，统计该生的总分及平均分。

⑥ 将建立的链表数据以文件的形式存储。

10. 影碟出租管理

（1）问题描述

影碟信息包括碟片名称、国家、类型、借阅标记等。出租信息包括会员名、碟片名称、借阅日期、归还日期、租金等。编写程序，实现影碟出租管理。

（2）基本要求

① 新片上架：添加碟片信息。

② 碟片查询：按碟片名称查询某碟片是否可借阅，结果有 3 种（可借阅、已借出、无此片）。

③ 碟片借阅：输入会员名、碟片名称、借阅日期，修改碟片的租借标记（每个会员一次可借阅多片碟片）。

④ 碟片归还：输入会员名、碟片名称、归还日期，修改碟片的租借标记，计算每片碟片的租金（每 3 天的租金为 1 元，不满 3 天的按 3 天计算）。因为每个会员一次可借阅多片碟片，所以也可能一次归还多片碟片。在该操作结束前，应输出该会员此次归还所需支付的总租金。

⑤ 使用菜单显示以上各项功能（用户根据序号选定相应的操作项目），当用户选定操作项目对应的序号时，根据提示信息从键盘输入相应的数据。

参 考 文 献

[1] 谭浩强. C 程序设计教程学习辅导. 3 版. 北京：清华大学出版社,2018.

[2] 谭浩强. C++ 程序设计题解与上机指导. 3 版. 北京：清华大学出版社,2017.

[3] 张玉春,等. C 语言程序设计实验指导与习题解析. 2 版. 北京：清华大学出版社,2016.

[4] 王朝晖,等. C 语言程序设计学习与实验指导. 3 版. 北京：清华大学出版社,2017.

[5] 冯相忠,等. C 语言程序设计学习指导与实验教程. 3 版. 北京：清华大学出版社,2015.

[6] 刘小军,等. C 语言程序设计学习指导. 北京：清华大学出版社,2016.

[7] 教育部考试中心. 全国计算机等级考试二级教程——C 语言程序设计(2020 年版). 北京：高等教育出版社,2019.

[8] 廖雷. C 语言程序设计习题解答与上机指导. 4 版. 北京：高等教育出版社,2015.

[9] 龚本灿. C 语言程序设计习题集. 2 版. 北京：高等教育出版社,2015.

[10] 刘尚懿,等. C 语言程序设计上机指导与习题解答. 4 版. 北京：清华大学出版社,2019.

[11] 苏小红,等. C 语言程序设计学习指导. 4 版. 北京：高等教育出版社,2019.

[12] 朱冬梅,等. C 语言程序设计习题与实验指导. 2 版. 北京：清华大学出版社,2019.

图 书 资 源 支 持

感谢您一直以来对清华版图书的支持和爱护。为了配合本书的使用，本书提供配套的资源，有需求的读者请扫描下方的"书圈"微信公众号二维码，在图书专区下载，也可以拨打电话或发送电子邮件咨询。

如果您在使用本书的过程中遇到了什么问题，或者有相关图书出版计划，也请您发邮件告诉我们，以便我们更好地为您服务。

我们的联系方式：

地　　址：北京市海淀区双清路学研大厦 A 座 714

邮　　编：100084

电　　话：010-83470236　010-83470237

客服邮箱：2301891038@qq.com

QQ：2301891038（请写明您的单位和姓名）

资源下载： 关注公众号"书圈"下载配套资源。

资源下载、样书申请

书圈

获取最新书目

观看课程直播